Albert Botz
Claus Ihle
Wolfgang Enderle

Technisches Zeichnen für Installation und Metallbau

Grundstufe

Schroedel · Gehlen

Technisches Zeichnen für Installation und Metallbau
Grundstufe

Bearbeitet von:
Albert Botz
Claus Ihle
Wolfgang Enderle
in Zusammenarbeit mit der Fachredaktion des Verlages

Zeichnungen: Bernhard Peter, Hannover

... weil auf Papier aus 100 % chlorfrei gebleichtem Zellstoff gedruckt.

Bildquellenverzeichnis

11.1 Staedtler Mars GmbH & Co., Nürnberg · 11.2 Staedtler Mars GmbH & Co., Nürnberg · 11.5 A. W. Faber-Castell GmbH & Co, Stein · 11.6 A. W. Faber-Castell GmbH & Co., Stein · 11.7 Staedtler Mars GmbH & Co., Nürnberg · 12.1 Marabuwerke Erwin Martz GmbH & Co., Tamm · 13.1 Standardgraph Zeichengeräte GmbH, Geretsried · 13.2 Hansa-Technik, Hamburg · 13.3 Standardgraph Zeichengeräte GmbH, Geretsried · 13.5 Standardgraph Zeichengeräte GmbH, Geretsried · 13.6 Staedtler Mars GmbH & Co., Nürnberg · 13.7 A. W. Faber-Castell GmbH & Co., Stein.

Maßgebend für das Anwenden von DIN-Normen des DIN Deutsches Institut für Normung e. V. ist deren Fassung mit dem neuesten Ausgabedatum, die beim Beuth Verlag, Berlin 30 und Köln 1 erhältlich sind.

ISBN 3-441-91035-4

© 1987 Schroedel Schulbuchverlag GmbH, Hannover

Alle Rechte vorbehalten. Dieses Werk sowie einzelne Teile desselben sind urheberrechtlich geschützt. Jede Verwertung in anderen als den gesetzlich zugelassenen Fällen ist ohne vorherige schriftliche Zustimmung des Verlages nicht zulässig.

Druck A $^{7\ 6\ 5\ 4\ 3}$ / Jahr 1997 96 95 94 93

Alle Drucke der Serie A sind im Unterricht parallel verwendbar, da bis auf die Behebung von Fehlern untereinander unverändert.
Die letzte Zahl bezeichnet das Jahr dieses Druckes.

Druck: Konkordia Druck GmbH, Bühl/Baden

Inhaltsverzeichnis

Einführung 4

1 Allgemeine Grundlagen 6
1.1 Zeichnungsnorm 6
1.2 Blattgrößen – Schriftfeld 7
1.3 Blattfaltung 8
1.4 Maßstäbe 8
1.5 Normschrift 9
1.6 Linien in Zeichnungen 9
1.7 Zeichengeräte 11

2 Einführung in die technische Zeichnung . . . 14
2.1 Handhabung und Anwendung der Zeichengeräte . 14
2.2 Skizze und Zeichnung 15
2.3 Grundsätzliches zur Bemaßung von Zeichnungen . 18
2.4 Zeichen- und Meßübungen 21

3 Darstellung von Körpern (Projektionslehre) . . . 22
3.1 Flächenhafte Darstellung von Körpern 22
3.2 Räumliche Darstellung 23
3.3 Modellaufnahmen eckiger Körper 24
3.4 Kreise und kreisförmige Körper 26
3.5 Modellaufnahmen runder Körper 27
3.6 Schnittdarstellungen 31

4 Grundlagen für die Abwicklung von Körpern . . . 35
4.1 Geometrische Grundkonstruktion 35
4.2 Wahre Größen und Strecken 38
4.3 Wahre Größen von Flächen 39
4.4 Abwicklung von Körpern 40

5 Anwendungsbezogene Fertigungszeichnungen . . . 45
5.1 Schrauben und Nieten 45
5.2 Schweißen und Löten 46
5.3 Blecharbeiten 48
5.4 Rohre – Rohrverformung 51
5.5 Fertigungsteile 55
5.6 Gesamtzeichnungen mit Einzelteilen 59
5.7 Schmiedearbeiten 63

Sachwörterverzeichnis **64**

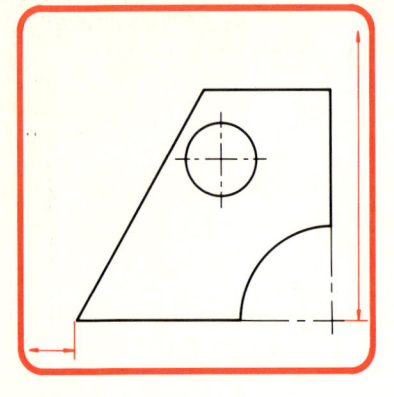

Einführung

Genehmigungszeichnungen
Entwurfspläne für die Bauausführung, Zeichnungen von Rohrschemen, Zeichnungen von Anlageteilen zur Vorlage bei Behörden, Energieversorgungsunternehmen usw.
Ausführungszeichnungen (Fertigungszeichnungen)
Ausführung von Baumaßnahmen, Anfertigung von Werkstücken, Montage von Anlagen oder Anlagenteilen.
Detailzeichnungen (Einzelteilzeichnungen)
Heraushebung und Kennzeichnung von Einzelteilen, insbesondere, wenn die Darstellung in der Gesamtzeichnung zu klein ist.
Funktionsschemazeichnungen
Erläuterung von Apparate-Anschlüssen, Fließ-, Verteilungs- oder Mischvorgängen (hydraulische Schaltschemen); Regel- und Steuerungsleitungen usw.

4.1 Zeichnungsarten

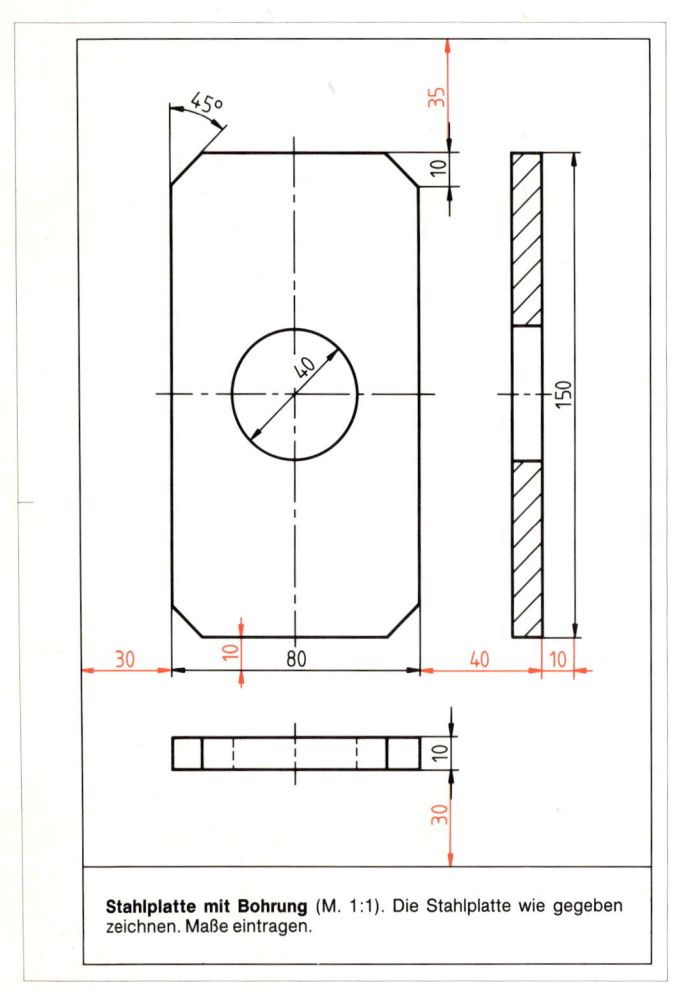

Stahlplatte mit Bohrung (M. 1:1). Die Stahlplatte wie gegeben zeichnen. Maße eintragen.

▲ 4.2 Aufgabenblatt für Muster-Zeichnung

Für die betriebliche Praxis ist eine Arbeitsplanung unabdingbar. In diesem Zusammenhang werden oft Skizzen und Zeichnungen angefertigt oder ausgewertet. Dabei sind Regeln anzuwenden, die von allen Fachleuten im gleichen Sinne verstanden werden.

Dieses Buch unterstützt die Erarbeitung der „Zeichensprache" sowie ihre Anwendung an gängigen Aufgabenstellungen und an berufstypischen Beispielen. Damit werden Grundlagen für eine umfassende Handlungsfähigkeit in der selbständigen Organisation von Arbeitsmitteln und Ausführungsschritten für Fertigung und Montage erarbeitet.

Arbeitsprogramm für Schulzeichnungen

Eine selbständige Erarbeitung der Lösungen wird erleichtert, wenn folgende Arbeitsschritte eingehalten werden:

- Für jede Zeichnung dieses Buches ist ein Blatt im Format A4 zu wählen. Dieses Format hat eine Breite von 210 mm und eine Höhe von 297 mm (vgl. Tab. 7.5).
- Es kann 5 mm karierter oder weißer Zeichenkarton verwendet werden.
- Das Blatt erhält links 20 mm Heftrand, oben, unten und rechts 5 mm Einfassungsrand (vgl. Abb. 7.6). Es verbleibt eine eingerahmte Fläche von 185 mm × 287 mm (vgl. Tab. 7.5).
  Anmerkung: Bei kariertem Zeichenkarton ist es sinnvoll, die vorgegebenen Linien zu nutzen. Es entsteht dann eine Fläche von 185 mm × 285 mm und unten bzw. oben ein Einfassungsrand von 4 bis 8 mm.
- Nun wird ein vereinfachtes Schriftfeld von 30 mm Höhe abgetrennt. Die in der Muster-Zeichnung 5.1 und in Abb. 7.1 vorgeschlagene Einteilung kann je nach Notwendigkeit abgeändert werden.
- Anschließend wird die Zeichenaufgabe sorgfältig gelesen. Sie ist immer im Schriftfeld des im Buch abgebildeten Aufgabenblattes zu finden (vgl. Abb. 4.2). Der erste fettgedruckte Teil ist die Benennung der Zeichnung. Sie ist in das Schriftfeld der zu fertigenden Zeichnung zu übertragen. Die Schriftgröße beträgt 7 mm. Für die kleinen Felder des Schriftfeldes wird dagegen eine Schrifthöhe von 5 mm verwendet (vgl. Muster-Zeichnung 5.1).
- Nun ist zu prüfen, ob die begleitenden Texte Hilfen für die Lösung der Zeichenaufgabe bieten (vgl. S. 14).
- Nahezu alle Aufgabenblätter enthalten **rotgedruckte Hinweise und Hilfen,** z. B. für die Blatteinteilung (vgl. Abb. 4.2). Sie sind **nicht** in die zu fertigende Zeichnung zu **übernehmen.**
- Nun wird die Zeichnung sach- und normgerecht erstellt.
- Zum Schluß ist zu prüfen, ob noch Zusatzaufgaben gestellt sind.

Arbeitsblätter: Für die mit A gekennzeichneten Zeichnungen werden Arbeitsblätter angeboten (Best.-Nr. 91036). Damit kann die Bearbeitungszeit verkürzt werden. Alle Aufgaben dieses Buches sind jedoch auch ohne Arbeitsblätter lösbar.

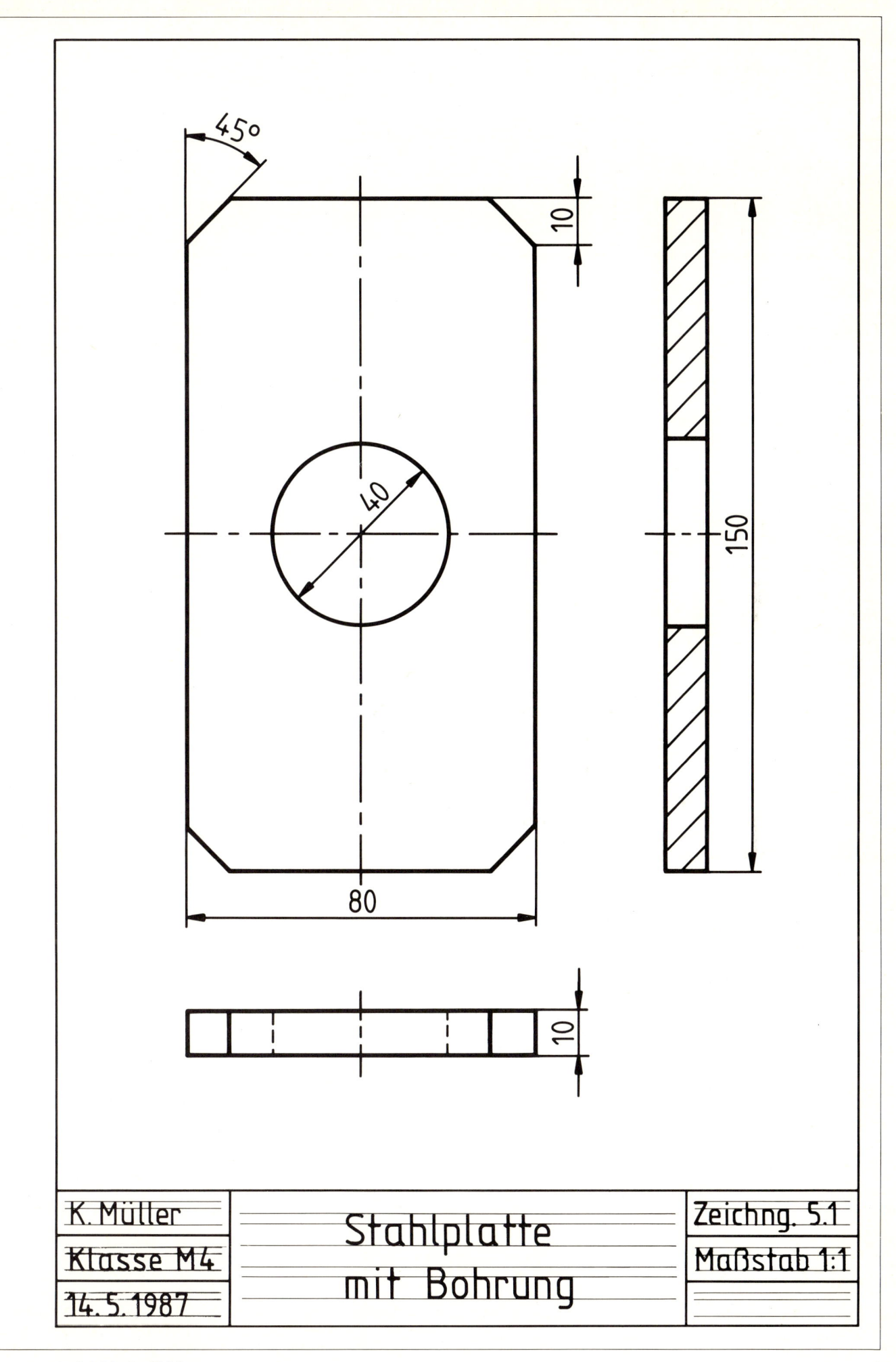

▲ 5.1 Muster-Zeichnung

DIN 406 Teil 2

1 Allgemeine Grundlagen

Geltungs-bereich	national (Bundes-republik)	übernational (Westeuropa)	international (Welt)
Normbe-zeichnung	DIN-Normen	EN-Normen	ISO-Normen
Verantwort-liche Stelle	Deutsches Institut für Normung	Europäisches Komitee für Normung CEN	Internationale Organisation für Normung
Ort	Berlin, Köln	Brüssel	Genf

6.1 Normen

1.1 Zeichnungsnormen

Tausende von Jahren wurden Geräte handwerklich gefertigt und keines dieser Geräte glich genau dem anderen. Erst im 19. Jahrhundert setzte sich die industrielle Entwicklung durch, die durch Massenproduktion gekennzeichnet ist. Sehr bald erkannte man, daß es von Vorteil wäre, wenn man bestimmte Teile untereinander austauschen könnte. Es entstanden gegenseitige Vereinbarungen und vorgeschriebene verbindliche Abmachungen über die Vereinheitlichung für Abmessungen und Qualität industrieller Erzeugnisse. Dies waren die ersten Normen.

> In der Bundesrepublik Deutschland ist das „**Deutsche Institut für Normung DIN**" für die Entwicklung und Verbreitung des Normwesens zuständig.

Es gibt jedoch auch Normen, die weltweit akzeptiert werden. Zuständig ist hier die **Internationale Organisation für Normung,** deren Normen mit **ISO** bezeichnet werden. In dem Maße wie Europa zu einer Wirtschafts- und politischen Gemeinschaft zusammenwächst, werden aus den nationalen Normen auch europäische Normen entwickelt (Tab. 6.1).

Sprache und Skizze sind Ausdrucksmittel des Technikers. Um Mißverständnisse zu vermeiden, benötigt er sowohl allgemein verständliche Bezeichnungen als auch allgemein gültige Zeichnungsregeln. Hierzu sind Vereinbarungen erforderlich, die in zahlreichen Normen festgelegt sind. Abb. 6.2 zeigt Überschriften einiger DIN-Normen. Wollte man alle Normen, die sich mit dem Technischen Zeichnen befassen, ausführlich behandeln, dann ginge das weit über das Ziel dieses Buches hinaus. Die DIN-Normen haben sich inzwischen im gesamten technischen Bereich so umfassend durchgesetzt, daß es sehr schwer ist, etwas zu finden, was nicht genormt ist. Bei technischen Zeichnungen sind neben den zeichnerischen Darstellungsnormen auch zahlreiche Normen über Werkstoffe, Arbeitstechniken, Einrichtungsgegenstände und industrielle Erzeugnisse jeglicher Art zu beachten. Genormt sind z. B. Küchenmöbel, Herde, Heizkörper, Rohre und Rohrverbindungen (Schweißen, Verschraubungen, Flanschen u. a.), Bleche, Formstähle, Armaturen, sanitäre Einrichtungen, Baumaterialien, Baustoffe usw.

Diese Aufzählung könnte man beliebig fortsetzen und weiter unterscheiden hinsichtlich Abmessungen, Materialeigenschaften, Verwendungszweck, Berechnung u. a.

Wegen der raschen technischen Entwicklung unterliegen auch Normblätter, VDI-Vorschriften, Verordnungen und sonstige Merk- und Arbeitsblätter ständig Veränderungen. Die Folge ist, daß man sich informieren muß, ob eine vorhandene Norm noch gültig ist.

DK 744.42 : 003.62	DEUTSCHE NORM	Dezember 1986
	Technische Zeichnungen Darstellungen in Normalprojektion Ansichten und besondere Darstellungen	DIN 6 Teil 1

DK 674 : 744.426	DEUTSCHE NORM	August 1986
	Technische Zeichnungen für Holzverarbeitung Grundlagen	DIN 919 Teil 1

DK 744.43 : 001.4 : 003.62	DEUTSCHE NORM	Juni 1984
	Technische Zeichnungen Linien Grundlagen	DIN 15 Teil 1

DK 744.43	DEUTSCHE NORMEN	April 1977
	Maßeintragung in Zeichnungen Arten	DIN 406 Teil 1

DK 744.43 : 003.344.293	DEUTSCHE NORMEN	April 1976
	Technische Zeichnungen Beschriftung Schriftzeichen	DIN 6776 Teil 1

6.2 Kennzeichnung von Normblättern

- Austauschbarkeit von Firmenerzeugnissen
- Einhaltung von Sicherheitsvorschriften zur Vermeidung von Unfällen, Sachschäden (rechtliche Absicherung)
- Geringere und einfachere Lagerhaltung (Kostenersparnis)
- Voraussetzung für Serienfertigung
- Exakte technische Angaben für Konstruktion und Herstellung
- Qualitätsangaben und -vergleiche, Gütegarantien

6.3 Ziele der Normung

1.2 Blattgrößen – Schriftfeld

Blattgrößen

Die Blattgrößen sind in DIN 823 nach gut durchdachten Formaten festgelegt. Nach dieser Normung richten sich auch die Größen von Aktenordnern, Geschäftspapieren, Zeichentischen, Aktenmappen, Schreibtischen usw.
Die Zeichenblattformate entsprechen der sogenannten DIN-A-Reihe. Abb. 7.3 zeigt, wie jeweils durch Halbieren der Fläche das folgende Format entsteht.
Das **Ausgangsformat** ist A0, eine 1 m² große Rechteckfläche mit dem Seitenverhältnis $b:1 = 1:\sqrt{2}$. Die Länge ist demnach 1,414mal größer als die Breite. Die ermittelte Breite ist immer die Länge des nachfolgenden Formats.
Dieser Zusammenhang wird in Abb. 7.4 erläutert, ausgehend vom Format A0. Hier werden die beiden Eckpunkte durch eine Diagonale verbunden. Die Breite 841 mm wurde durch Zirkelschlag auf die Waagerechte übertragen, wodurch sich die Länge des nächstkleineren Formats ergibt, also hier A1. Dessen Breite erhält man aus der dazugehörigen Waagerechten, die an der Diagonalen endet. Die Abmessung der nachfolgenden Formate werden in derselben Weise ermittelt.
In Tab. 7.5 sind die Abmessungen für die einzelnen Blattformate (beschnitten und unbeschnitten) sowie die jeweiligen Zeichenflächen angegeben. Die Zeichenfläche erhält man dadurch, daß man ausgehend vom beschnittenen Blatt einen Rand im Abstand von 5 mm, bzw. wenn das Blatt abgeheftet werden muß, 20 mm an der gelochten Seite (vgl. Abb. 7.6) zeichnet.

Schriftfeld

Schriftfelder sind nach DIN 6771 genormt. Sie werden in der rechten unteren Blattecke angelegt. Die wesentlichen Angaben sind: Bezeichnung des Gegenstandes, Maßstab, Verwendungszweck, Name des Zeichners und Prüfers, Datum.
Je nach Anwendungsfall unterscheidet man zwischen verschiedenen Schriftfeldern, wie z. B. Grundschriftfeld für Zeichnungen (Abb. 7.2), Schriftfelder mit zusätzlichen Feldern für Prüfvermerke, Zeichnungsnummern, Änderungsvermerke, Oberflächenbearbeitung sowie Schriftfelder für Pläne und Listen.
Die Schriftfelder für den Zeichenunterricht können einfacher sein als es die Norm für den Betrieb vorschlägt. Auf den Zeichenblättern für Schulzwecke sind im allgemeinen die Schriftfelder bereits vorgegeben. Das in diesem Buch durchgehend verwendete Schriftfeld zeigt Abb. 7.1 (vgl. auch Muster-Zeichnung auf Seite 5).

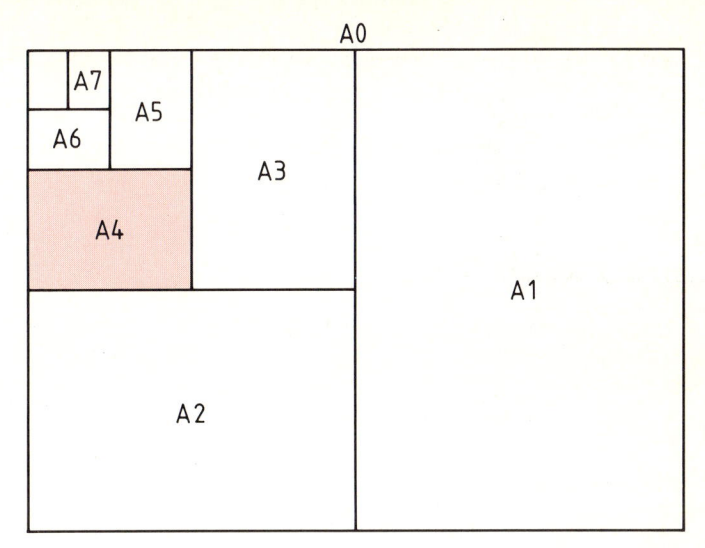

7.3 Formate für Zeichenblätter

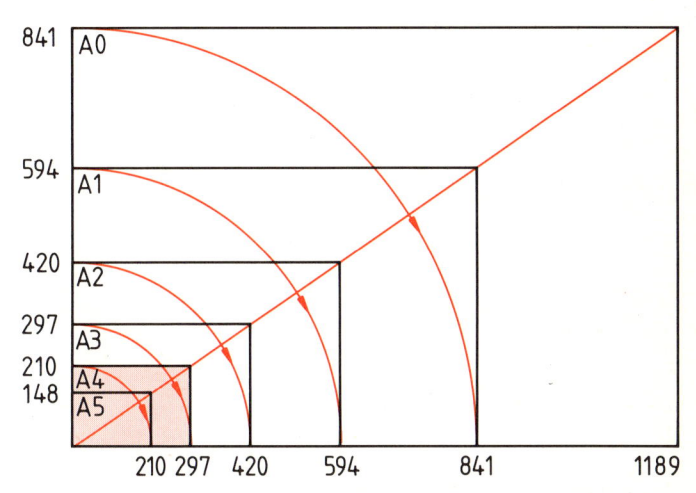

7.4 Ermittlung der Längen und Breiten für Zeichenblätter

Kurzzeichen	unbeschnitten	beschnitten	Zeichenfläche
A0	880 × 1230	841 × 1189	1164 × 831
A1	625 × 880	594 × 841	816 × 584
A2	450 × 625	420 × 594	569 × 410
A3	330 × 450	297 × 420	395 × 287
A4	240 × 330	210 × 297	185 × 287

7.5 Formate der A-Reihe (DIN 476) in mm

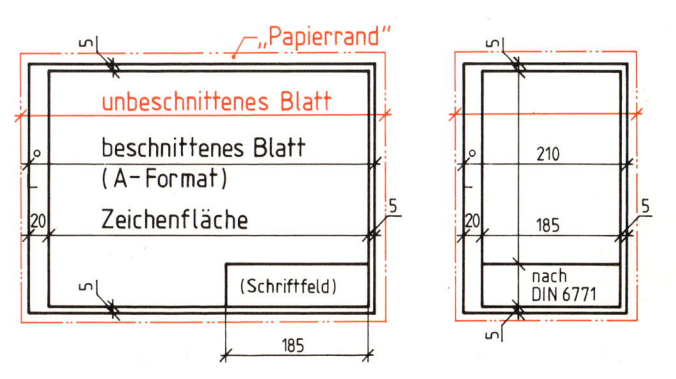

7.1 Schriftfeld für Schulzwecke

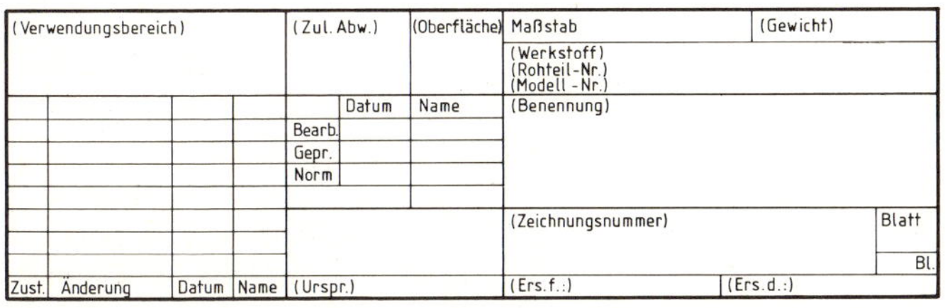

7.2 Grundschriftfeld für Zeichnungen (DIN 6771)

7.6 Einteilung des Zeichenblattes (DIN 823 und DIN 6771)

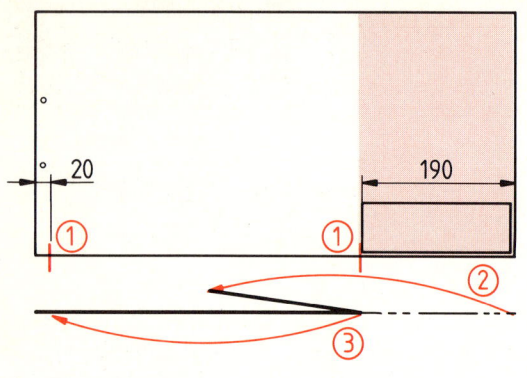

1.3 Blattfaltung

Zeichenblätter ab Format A3 werden für das Abheften stets so gefaltet, daß sie zusammengelegt das Format A4 ergeben. Nach der Faltung muß immer die Seite mit dem Schriftfeld obenauf liegen.

Faltanleitung (Abb. 8.1):
1. Den Abstand 20 mm für die Lochung markieren, ebenso den Abstand 190 mm für die erste Faltung.
2. Erste Faltung (bei 190 mm nach hinten umschlagen).
3. Die rechte, äußere Kante des Reststücks auf den markierten 20-mm-Abstand legen. Zweite Faltung.

8.1 Blattfaltung

1.4 Maßstäbe

Ein Maßstab gibt an, wievielmal größer bzw. wievielmal kleiner die Zeichnung gegenüber der wirklichen Größe ist. Man unterscheidet daher zwischen **Vergrößerungs-** und **Verkleinerungsmaßstäben,** die allerdings nicht beliebig gewählt werden können.
In der DIN ISO 5455 werden die Maßstäbe festgelegt:

Verkleinerungs-maßstäbe	Natürlicher Maßstab	Vergrößerungs-maßstäbe
1:2; 1:5; 1:10 1:20; 1:50; 1:100; 1:200	1:1	2:1; 5:1; 10:1 20:1; 50:1

8.4 Genormte Maßstäbe

Beispiel:
Maßstab 1:2. Dies bedeutet, daß 1 mm in der Zeichnung 2 mm in der Natur (wirkliche Größe) entspricht.

Die Zahl 1 bezieht sich beim Verkleinerungsmaßstab immer auf die Zeichnung, beim Vergrößerungsmaßstab immer auf den Gegenstand.
Der Maßstab einer Zeichnung wird in der Regel im Schriftfeld angegeben. Werden in einer Zeichnung mehrere Teile mit unterschiedlichen Maßstäben dargestellt, so wird der Hauptmaßstab in das Schriftfeld eingetragen, die anderen in der Nähe der gezeichneten Einzelteile.
Möchte man die Länge einer Strecke in der Zeichnung darstellen, dann muß man beim Verkleinerungsmaßstab durch die Zahl teilen, beim Vergrößerungsmaßstab mit der Zahl vervielfachen.

Beispiel:
Die Strecke 60 mm soll im Verkleinerungsmaßstab 1:5 und im Vergrößerungsmaßstab 5:1 dargestellt werden. Wie groß ist die in der Zeichnung dargestellte Länge l_z?
Verkleinerungsmaßstab: $l_z = 60$ mm : 5 = 12 mm
Vergrößerungsmaßstab: $l_z = 60$ mm · 5 = 300 mm

Wie man die Strecken anschaulich umrechnet, ist aus der Zeichnung 8.3 ersichtlich. Bis zum Maßstab 1:20 schließt man auf Maßstab 1:10 (man teilt durch 10) und vervielfacht oder teilt das Ergebnis mit dem Zahlenwert, der besagt, wievielmal größer oder kleiner der Maßstab ist als 1:10. Bei den anderen Maßstäben schließt man auf den Maßstab 1:100.

Beispiel:
150 mm sollen im Maßstabe 1:5 gezeichnet werden. Zeichnungslänge $l_z = (^{150}/_{10}) \cdot 2$, denn der Maßstab 1:5 ist doppelt so groß wie der Maßstab 1:10.

Maßstab	wirkliches Maß	gezeichnetes Maß	Anwendung
1:1	150 mm	150 mm	Armaturen, Schablonen, Abwicklungen
1:2	150 mm	75 mm	Detailzeichnungen wie Armaturen, Rohrverbindungen, Befestigungselemente
1:10 1:20	150 mm	15 mm	Lüftungskanäle, Verteiler, fliesengerechte Installation
1:50	2 m	4 cm	Werkpläne, Leitungspläne
1:100	13,5 m	13,5 cm	Bauentwurf-, Baueingabepläne
1:200	80,3 m	40,15 cm	
1:500	560 m	112 cm	Lagepläne
2:1	20 mm	40 mm	Detailzeichnungen
5:1	0,8 mm	4 mm	

8.2 Maßstäbe, Beispiele und Anwendungen

▼ 8.3

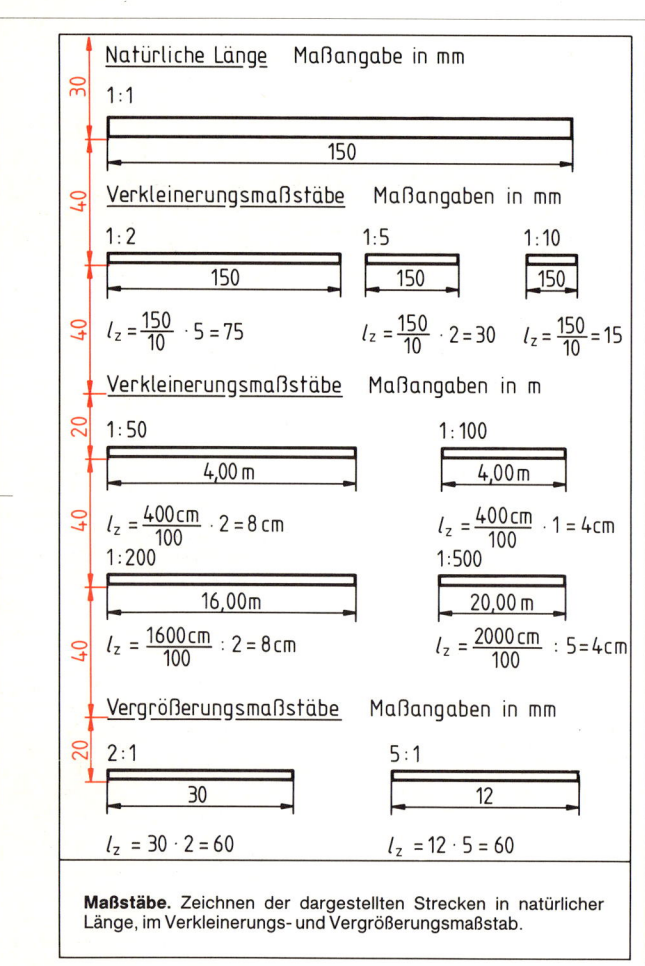

Maßstäbe. Zeichnen der dargestellten Strecken in natürlicher Länge, im Verkleinerungs- und Vergrößerungsmaßstab.

1.5 Normschrift

Für technische Zeichnungen wird eine genormte Schrift verwendet. Gründe hierfür sind:
- Gute Lesbarkeit der Zahlen und Buchstaben (auch noch bei Verkleinerungen)
- Einheitliches und schönes Schriftbild
- Besseres Aussehen der gesamten Zeichnung
- Verwendungsmöglichkeit von handelsüblichen Schablonen

Verwendet wird die Schrift nach DIN 6776 (Abb. 9.1). Sie ist flüssig zu schreiben (auch noch bei starken Verkleinerungen, z. B. bei der Mikroverfilmung) und ist außerdem der Computerschrift angepaßt.

Bei der Normschrift ist vor allem darauf zu achten, daß die Höhen der Groß- und Kleinbuchstaben das richtige Verhältnis zueinander haben und die Abstände eingehalten werden.

Aus **Abb. 9.2** gehen die Maße und Abstände hervor. Vor allem sind die Höhen h und c zu beachten. Um diese exakt einzuhalten, ist es empfehlenswert, vor der Beschriftung sehr dünne (fast unsichtbare) Hilfslinien vorzuzeichnen.

Großbuchstaben. Diese Buchstaben haben alle dieselbe Schrifthöhe ⇒ Höhe h.

Kleinbuchstaben. Hier gibt es drei Möglichkeiten:
- Die meisten Buchstaben haben nur die Mittellänge
  ⇒ Höhe $c = {}^7/_{10} \cdot h$
- Buchstaben mit Mittel- und Oberlänge
  ⇒ Höhe ${}^7/_{10} + {}^3/_{10} = 1$
- Buchstaben mit Mittel- und Unterlängen
  ⇒ Höhe ${}^7/_{10} + {}^3/_{10} = 1$

> Wichtig für ein gutes Schriftbild sind neben den Höhen h und c die Abstände zwischen den Buchstaben (Abstand a) und zwischen den Wörtern (Abstand e).

Die Größe der Schrift richtet sich im allgemeinen nach der Größe der Zeichnung. Innerhalb der Zeichnung variiert man ebenfalls die Schriftgröße nach dem Mitteilungswert.

Bei der Verwendung von **Schriftschablonen** gibt es spezielle Zeichenstifte und Tuschezeichner (Abb. 11.6). Die Schablonen gibt es in den genormten Schrifthöhen; sie werden am Zeichenlineal geführt.

9.1 Normschrift, Schriftform B, vertikal nach DIN 6776 („senkrechte Mittelschrift")

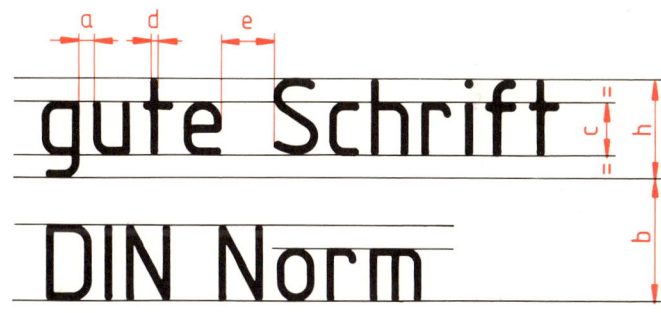

9.2 Maße und Abstände für Schriftform B

1.6 Linien in Zeichnungen

Da man in einer Zeichnung die verschiedensten Zusammenhänge, Arbeitstechniken und Veranschaulichungsformen darstellen muß, ist man gezwungen, durch unterschiedliche Linienarten die Ausdrucksmöglichkeiten festzulegen. In Tab. 10.3 werden die üblichen Linienarten, deren Benennung und Anwendungsbereich zusammengestellt.

Liniengruppe und Linienbreite

Eine Zeichnung wird übersichtlich, wenn das Wesentliche gegenüber dem weniger Wesentlichen hervorgehoben wird. Dies geschieht durch unterschiedliche Linienbreiten (Tab. 10.1). Stellt man z. B. Vollkanten, die den Körper begrenzen, durch eine 0,5 mm breite Linie dar, dann zeichnet man die dazugehörigen Maßlinien, die nicht Bestandteil des Körpers sind, mit einer 0,25 mm breiten Linie. Um die Linienbreite nicht dem Zufall zu überlassen, werden Liniengruppen festgelegt. Wie aus Tab. 10.1 hervorgeht, sieht die DIN 15 sieben Liniengruppen vor.

Schriftgröße		Linienbreite	Mindestabstand zwischen		
Großbuchstaben Nenngröße h	Kleinbuchstaben c	d	Grundlinien b	Schriftzeichen a	Wörtern e
(10/10) h	(7/10) h	(1/10) h	(14/10) h	(2/10) h	(6/10) h
2,5	–	0,25	3,5	0,5	1,5
3,5	2,5	0,35	5	0,7	2,1
5	**3,5**	**0,5**	**7**	**1**	**3**
7	**5**	**0,7**	**10**	**1,4**	**4,2**
10	7	1	14	2	6
14	10	1,4	20	2,8	8,4
20	14	2,0	28	4	12

9.3 Schriftgrößen für Schriftform B

Linien-gruppe	Zugehörige Linienbreiten in mm für		
	Linienart A, E, (H), J	Linienart B, C, D, F, G (H), K	Maß- und Textangaben und graphische Symbole
0,25	0,25	0,13	0,18
0,35	0,35	0,18	0,25
0,5	**0,5**	**0,25**	**0,35**
0,7	**0,7**	**0,35**	**0,50**
1	1,0	0,50	0,70
1,4	1,4	0,70	1,00
2,0	2,0	1,00	1,40

10.1 Linienbreiten und Liniengruppen

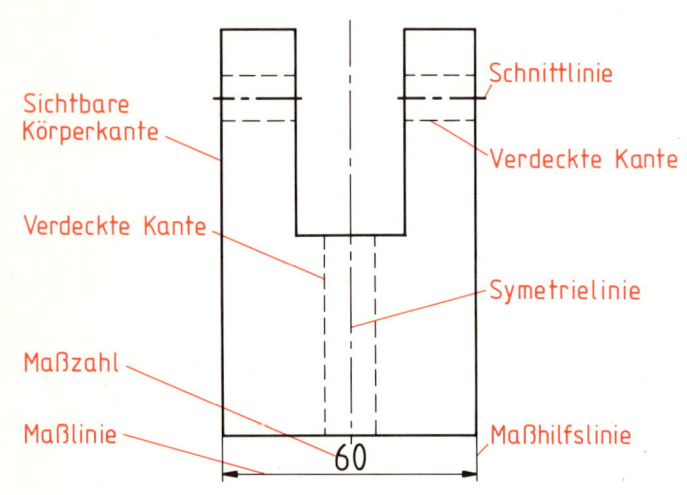

Die Linienbreiten der aufeinanderfolgenden Liniengruppen erhöhen sich annähernd im Verhältnis $1 : \sqrt{2}$.

Beispiel: $0{,}25 \text{ mm} \cdot \sqrt{2} = 0{,}35 \text{ mm}$.

> Zu jeder Liniengruppe gehören drei Linienbreiten, die je nach Verwendungszweck gewählt werden. Jede Liniengruppe ist stets nach der größten Linienbreite benannt.

Die Linienbreite wird am exaktesten mit einem Tuschefüllfederhalter garantiert. Bei Bleistiften erhält man durch die Wahl unterschiedlicher Bleistifthärten ebenfalls verschiedene Linienbreiten (z. B. B und 2 H oder 2 B und HB).
In derselben technischen Zeichnung werden im allgemeinen nur zwei Linienbreiten angewendet, deren Verhältnis zueinander annähernd 2 : 1 beträgt (0,25 ist annähernd das Doppelte von 0,13). Für Beschriftungen wählt man eine Schriftbreite, die zwischen den beiden liegt.
Die Liniengruppen 0,5 und 0,7 sind die am häufigsten verwendeten Gruppen. Es genügen daher die vier Tuschefüllhalter 0,7 mm; 0,5 mm; 0,35 mm; 0,25 mm (Abb. 11.6).

Rangfolge bei Überschneidungen
In einer Zeichnung kommt es häufig vor, daß die vordere Körperkante, die als Vollkante dargestellt wird, die dahinterliegende Körperkante verdeckt. Ebenso kann die Kennzeichnung einer Schnittebene oder einer Mittelachse durch die sichtbare Körperkante verdeckt sein. In diesen Fällen hat die Körperkante stets den Vorrang, da sie wesentlicher für die Erfassung der Zeichnung ist als die anderen Linienarten. Die Tab. 10.3 verdeutlicht die Rangfolge der Linienarten.

10.2 Darstellung von Linienarten und Linienbreiten für Gruppe 0,5

Linienart		Benennung	Anwendung
A	————	breite Vollinie	sichtbare Kanten und Umrisse, Fließbilder
B	————	schmale Vollinie	Lichtkanten, Maß-, Hinweis- und Projektionslinien, Schraffuren, Umrahmungen von Einzelheiten u. a.
C	~~~~	schmale Freihandlinie	Begrenzung von abgebrochenen oder unterbrochen dargestellten Ansichten und Schnitten
D	/\/\/\	schmale Zickzacklinie	
E	— — — —	breite Strichlinie	verdeckte Kanten und verdeckte Umrisse
F	- - - -	schmale Strichlinie	wie E (jedoch F bevorzugen)
G	—·—·—	schmale Strichpunktlinie	Mittel- und Symmetrielinien, Lochkreise u. a.
H	—·—·—	schmale Strichpunktlinie, jedoch an Richtungsänderungen breiter	Kennzeichen einer Schnittebene (anstelle „H" ist die Linienart „J" vorzuziehen)
J	—·—·—	breite Strichpunktlinie	vgl. H; Kennzeichnungen (z. B. Wärmebehandlung)
K	—··—··—	schmale Strich-Zweipunktlinie	Umrisse von angrenzenden Teilen, Schwerlinien, Grenzstellungen von beweglichen Teilen u. a.
Rangfolge bei Überdeckung von zwei oder mehr Linien verschiedener Art			
1. sichtbare Kanten und Umrisse (Linienart A)		4. Mittellinien (Linienart G)	
2. verdeckte Kanten und Umrisse (Linienart F)		5. Schwerlinien (Linienart K)	
3. Schnittebenen (Linienart J)		6. Maßhilfslinien (Linienart B)	

10.3 Linienarten, deren Anwendung und Rangfolge

1.7 Zeichengeräte

Ohne einwandfreies Handwerkszeug kann keine gute Arbeit erbracht werden.

> Voraussetzungen für die einwandfreie technische Zeichnung sind bestimmte, gut funktionierende Zeichengeräte und deren richtige Handhabung.

Zeichenstifte
Heute werden Zeichenstifte in drei unterschiedlichen Arten angeboten:
Zeichenstift in Holzfassung (Abb. 11.1). Häufiges Spitzen ist erforderlich, da sonst die Linienbreite variiert. Durch ständiges Drehen des Stiftes und Verringerung des Handdrucks kann man zu häufiges Spitzen des Bleistifts vermeiden. Mit einem kurzen Stift kann man nicht mehr einwandfrei zeichnen.
Minenhalter (Fallminenstift). Der Minenhalter (Abb. 11.2) hält den Stift bei der gewünschten Länge fest. Ständiges Drehen, Variierung des Handdrucks und häufiges Spitzen ist auch hier Voraussetzung für das Einhalten der Linienbreite. Da der Halter sich in seiner Länge nicht ändert, ist eine gute und gleichmäßige Handhabung garantiert. Steht nur ein Minenhalter zur Verfügung, dann ist das ständige Auswechseln zeitraubend, daher sind zumindest zwei Minenhalter ratsam.
Feinminenstift. Die Bleiminendurchmesser dieser Stifte sind mit der DIN-Linienbreite identisch. Der Stift mit z. B. 0,5 mm Linienbreite kann nur eine Bleimine mit 0,5 mm Durchmesser aufnehmen (daher immer garantierte Strichdicke). Zur Grundausstattung gehören folgende Stifte: 0,7 mm; 0,5 mm; 0,35 mm; 0,25 mm. Bei starkem Handdruck brechen dünne Minen leicht ab.

Minenhärte
Die Zeichenstifte werden nach Härten unterschieden. Buchstaben und Zahlen geben Auskunft über die Härte (Abb. 11.3). Der Schwärzungsgrad nimmt mit der Weichheit des Stiftes zu. Zum Zeichnen sind zumindest zwei unterschiedliche Härten erforderlich, z. B. HB und 2H oder B und H oder 2B und F (auch vom Handdruck des Zeichners abhängig).

Spitzgeräte
Für den Holzstift ist eine Spitzdose (Abb. 11.4) vorteilhaft, da sonst bei Unachtsamkeit Graphitstaub auf die Zeichnung kommen kann. Für den Stift mit Minenhalter genügt im Prinzip Schmirgelpapier. Aber gerade hier ist die Gefahr, daß Graphitstaub auf die Zeichnung gelangt, sehr groß. Deshalb Minenspitzgerät (Abb. 11.5) verwenden.

Tuschefüllhalter
Die durch die DIN 15 geforderten Linienbreiten und deren Gleichmäßigkeit in Breite und Schwärze können im Gegensatz zur Bleistiftzeichnung mit Tuschefüllhaltern voll erfüllt werden. Der Handel bietet den Tuschefüllhalter mit Einsätzen gemäß den von der DIN 15 geforderten Linienbreiten. Als Grundausstattung wären auch hier Füllhalter mit 0,7-, 0,5-, 0,35-, 0,25-mm-Einsätzen erforderlich, außerdem Tuschepatronen und Zirkeleinsatz.

Radierer
Das Radieren hängt neben der Qualität und Dicke des Papiers auch vom geeigneten Radierwerkzeug ab. Der weiche Bleistiftstrich braucht den weichen Radierer, der harte Strich den härteren.

11.1 Zeichenstift in Holzfassung

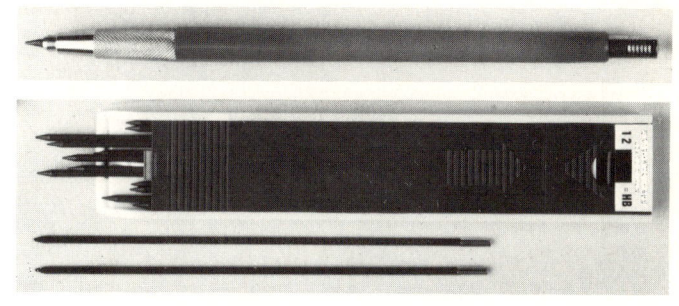

11.2 Fallminenstift („Minenhalter") und Ersatzminen

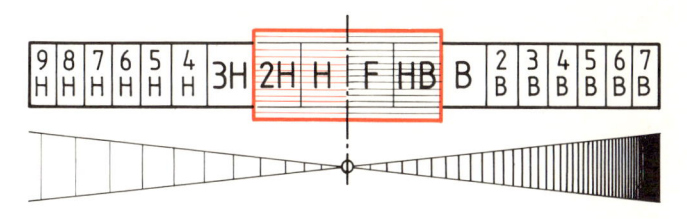

11.3 Bezeichnung der Minenhärte bei Bleistiften

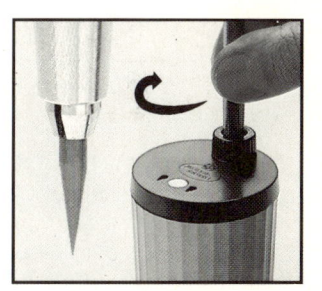

11.4 Spitzdose für Holzzeichenstifte   11.5 Minenspitzgerät

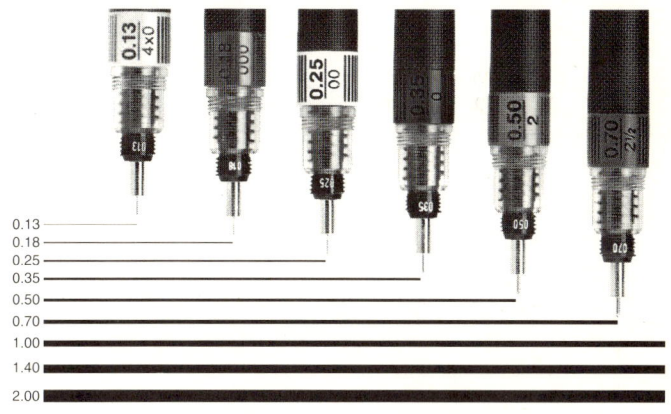

11.6 Tuschezeichner mit Linienbreiten nach DIN 15

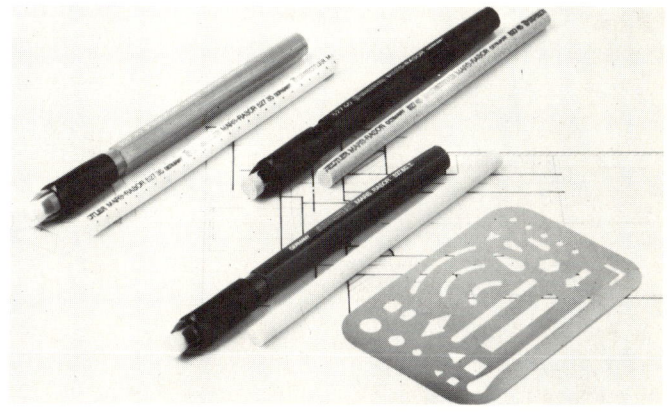

11.7 Radierschablone und „Stabradierer"

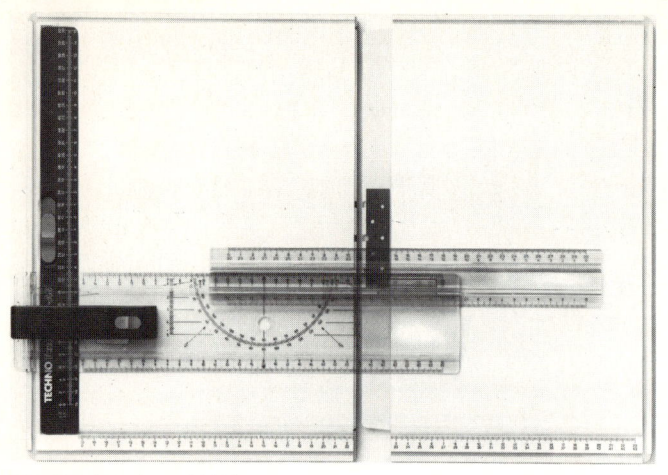

12.1 Zeichenplatte A4/A3

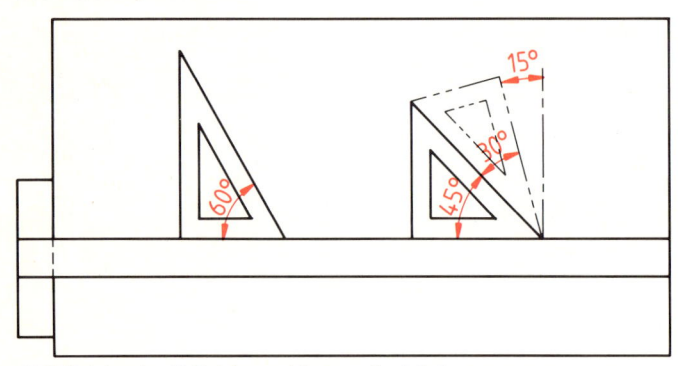

12.2 Zeichenbrett, Zeichenschiene und -winkel

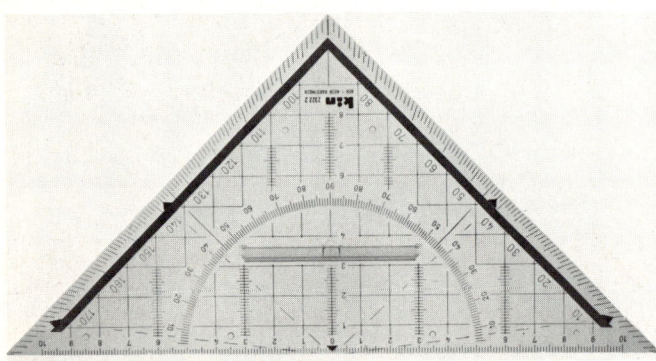

12.3 Geodreieck mit Winkelmesser

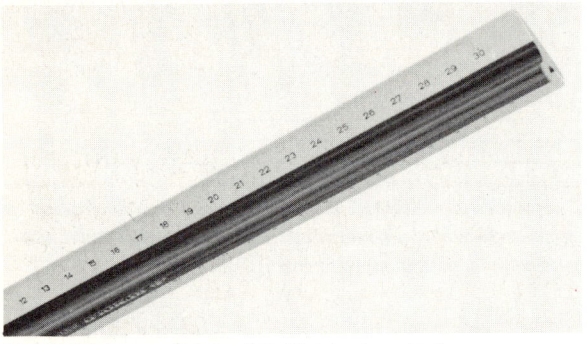

12.4 Präzisionsmeßstab mit Griffleiste, 1 mm Teilung

12.5 Reduktionsmeßstab

Zur Entfernung von Tusche verwendet man das Radiermesser (Rasierklinge) oder den Glasfaser-Radierstift. Die Radierstelle wird mit einem Radiergummi nachgerieben und mit einem glatten, harten Gegenstand geglättet.
Die **Radierschablone** ist eine dünne Kunststoff- oder Metallplatte mit ausgestanzten Flächen (Abb. 11.7).

Zeichenplatte und Zeichenbrett
Als Unterlage und zur Befestigung des Zeichenblattes verwendet man häufig ein Zeichenbrett aus weichem Holz. Die Außenkanten müssen als Anschlag für die Zeichenschiene (Reißschiene) gerade und rechtwinklig sein. Wegen der günstigen Transportmöglichkeiten hat sich die Zeichenplatte (Abb. 12.1) in der Schule durchgesetzt. Zwei Zeichenplatten im Format A4, die durch Zusammenstrecken eine Platte im Format A3 ergeben, gehören zur Grundausstattung. Zum Einspannen des Blattes ist eine versenkte Blattklemmschiene vorhanden. Zum Anlegen und zur Führung der dazugehörigen Zeichenschiene wurde eine Rundumführung eingearbeitet. In Büros werden Zeichenmaschinen eingesetzt.

Zeichenschiene
Für das Zeichnen waagerechter Linien am Zeichenbrett ist eine Zeichenschiene erforderlich (Abb. 12.2). Sie muß auf die Länge des Zeichenbrettes abgestimmt sein. Sie besteht aus einem waagerechten Lineal und einer senkrechten Anschlagkante. Wesentlich ist, daß Lineal und Anschlagkante einen rechten Winkel bilden. Die für die Platten vorgesehenen Zeichenschienen können nur für diese verwendet werden, da die Anschlagkante nur aus einer schmalen Erhebung besteht, die in die Schiene eingearbeitet ist und in den Rillen der Platte gleitet.

Zeichendreiecke
Zum Zeichnen werden zwei unterschiedliche rechtwinklige Dreiecke benötigt. Ein Dreieck mit den Winkeln 90°, 45°, 45° und ein Dreieck mit den Winkeln 90°, 60°, 30°. Senkrechte und schräge Linien mit den Winkeln 30°, 45°, 60° können unmittelbar mit diesen Zeichendreiecken dargestellt werden (Abb. 12.2). Dazu werden die Zeichenwinkel an der Zeichenschiene angelegt. Weitere Winkel können durch Aneinanderlegen von Zeichendreiecken angetragen werden.
Für ein zügiges Arbeiten sind ausreichend große Zeichendreiecke erforderlich. Es gibt Zeichendreiecke in den verschiedensten Ausführungen (mit Tuschekante, mit Millimeterteilung, mit Winkelmesser usw.) und Materialien. Dreiecke aus transparentem Kunststoff setzen sich durch, da die Durchsichtigkeit des Materials beim Zeichnen vorteilhaft ist. Kunststoff ist hinreichend formbeständig und läßt sich gut reinigen.

Winkelmesser
Winkel, die sich mit dem Zeichendreieck nicht zeichnen lassen oder durch einfache geometrische Konstruktionen nicht ermittelt werden können, müssen mit Hilfe des Winkelmessers angetragen werden. Es werden runde Winkelmesser und Winkelmesser, die in Dreiecke oder in Lineale eingearbeitet sind, angeboten. Beim letzteren ist darauf zu achten, daß die Winkel an den Kanten der Dreiecke sichtbar sind und dort direkt abgetragen werden können.

Zeichenmeßstab
Zum Einmessen von Strecken werden bei maßgetreuen Zeichnungen Lineale mit aufgezeichneter Millimeterteilung verwendet. Da bei den meisten Zeichenschienen und Winkeln ebenfalls eine Millimeterteilung aufgezeichnet ist, kann man diese auch als Lineal verwenden. Neben dem Maßstab 1:1 gibt es sogenannte Reduktionsmeßstäbe, die zum Zeichnen normgerechter Verkleinerungen dienen. Man kann das erforderliche Maß direkt abtragen, da auf dem Lineal die Verkleinerung bereits vorgenommen wurde.
Abb. 12.6 zeigt das Lineal mit sechs unterschiedlichen Maßstäben. Bei Unachtsamkeit ist es jedoch leicht möglich, daß man

den Maßstab verwechselt und mit dem falschen Reduktionsmaßstab Strecken mißt. Das ständige Suchen des richtigen Maßstabes ist zeitraubend.

Kurvenlineale
Für das Zeichnen von unregelmäßigen Kurven sind handelsübliche Kurvenlineale eine Arbeitserleichterung. Sie haben verschiedene festgelegte Kurven. Die Schwierigkeit bei der Handhabung der Lineale nach Abb. 13.1 besteht für den Anfänger darin, zu erkennen, wo die angelegte Linealkurve aufhört und in welche sie überwechselt.
Außerdem gibt es biegsame Kurvenlineale (Abb. 13.2). Es gehört viel Routine dazu, die Kurve so zu formen und dann so zu handhaben, daß die gezeichneten Kurven keine Knickungen aufweisen.

Zeichenschablonen
Zur leichteren und exakten Darstellung von Rundungen, Kreisen, Sinnbildern, Maßzahlen und Schrifttypen können Schablonen verwendet werden, die im Handel erhältlich sind: Die häufigsten Sinnbilder, die in einem Beruf gezeichnet werden müssen, sind in einer Schablone zusammengefaßt. Stellvertretend auch für andere Berufe wird in Abb. 13.5 eine Sanitärschablone vorgestellt.
Wichtig ist bei der Anschaffung und Handhabung von Schablonen, daß sie eine Tuschekante haben. Dasselbe gilt auch für Zeichenschienen, Winkel und Lineale.
Tuschekanten verhindern nämlich, daß die Tusche an die Anschlagkante kommt und dadurch die Zeichnung verschmiert wird. Dasselbe gilt für das Schreiben mit Schablonen.

Reißzeug
Ein Reißzeug enthält die Zeichengeräte für die Darstellung von Kreisen bzw. Kreisbögen sowie für die Übertragung von Strecken (Abb. 13.6). Die Mindestausrüstung dafür sollte sein: Einsatzzirkel mit Verlängerung, Stechzirkel und Nullenzirkel (zur Darstellung von kleinen Kreisen). Wenn mit Tuschefüllhalter gearbeitet wird, sind Spezialeinsätze erforderlich.
Schafft man sich kein komplettes Reißzeug an, dann sollte man statt dessen zwei Einsatzzirkel und eine Verlängerung kaufen. Der Nullenzirkel ist dann nicht erforderlich, wenn man mit der Schablone auch einwandfrei kleine Kreise zeichnen kann.
Es ist ratsam, keinen billigen Zirkel zu kaufen. Das geringste Spiel an der Führung der Zirkelschenkel bedeutet Ungenauigkeit bei der Zeichnung. Zirkelspitze und Bleistiftspitze sollen in der Länge nur um die Eindringtiefe des Papiers (0,3 bis 0,5 mm) voneinander abweichen.
Zirkel, die nur durch Drehen des Mitteltriebs verstellt werden können, sollte man nicht bevorzugen, da das Drehen zeitaufwendig ist. Günstiger sind Schnellverstellzirkel (Abb. 13.7), bei denen man nur die Feineinstellung durch Schrauben vornimmt. Einsatzzirkel ohne diesen Mitteltrieb sind am zügigsten zu handhaben, außerdem ist der Zirkelradius größer als bei den Schnellverstellzirkeln.

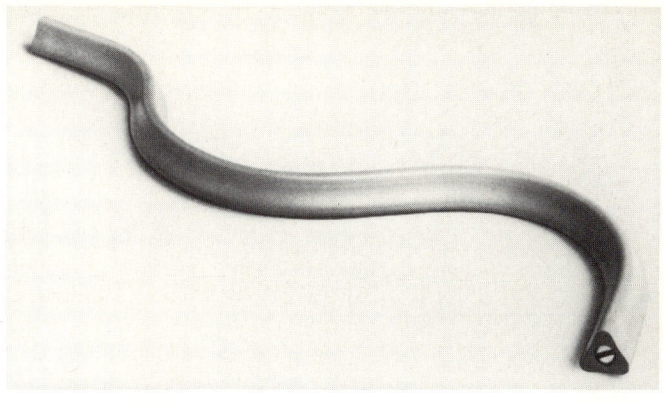

13.2 Biegsames Kurvenlineal

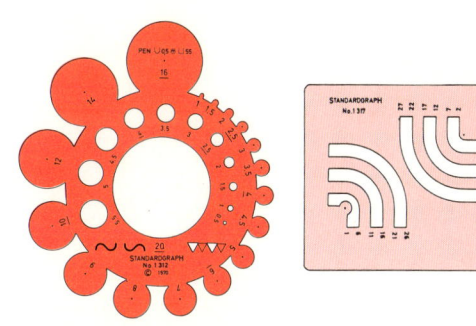

13.3 Schablone für Rundungen

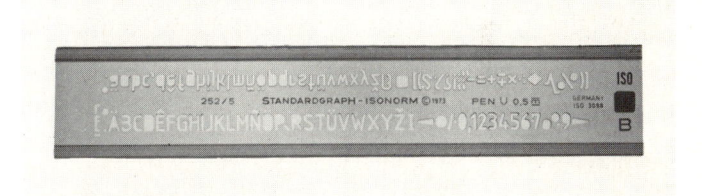

13.4 Schriftschablone

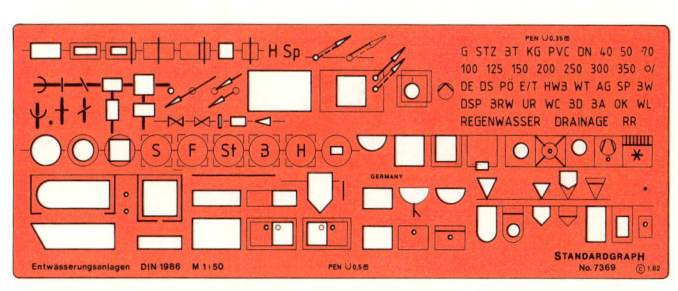

13.5 Schablone für Sanitärinstallation

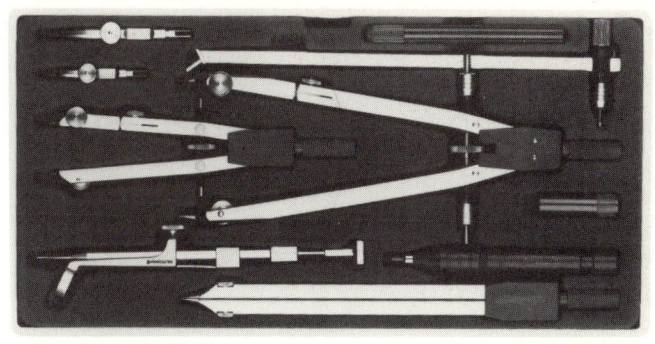

13.6 Reißzeug

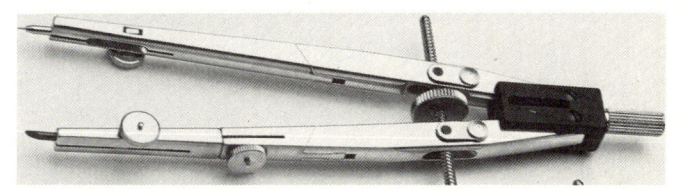

13.1 Kurvenlineale

13.7 Schnellverstellzirkel

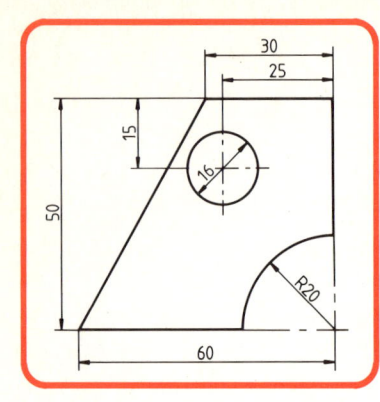

2 Einführung in die technische Zeichnung

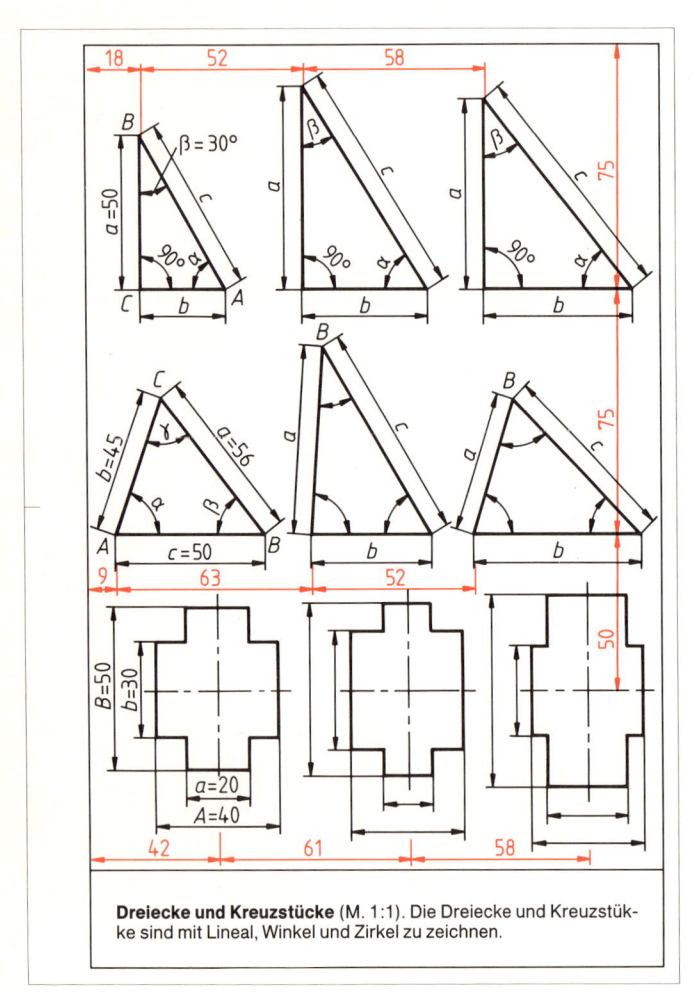

Werden Werkstücke angefertigt, Geräte aufgestellt, Montage und Rohrschemen erstellt, dann sind präzise Angaben erforderlich. Hierfür benötigt man eine gegenständliche Darstellung, d. h. eine technische Zeichnung als Informationsträger.

> Das Anfertigen und das Lesen einer Zeichnung ist nicht selbstverständlich, sondern muß gelernt werden.

2.1 Handhabung und Anwendung der Zeichengeräte

Zeichenplatte: Blatt einspannen! Blattkante muß zur Zeichenschiene parallel sein!
Zeichenschiene: In der Führungsrille verschieben! An Zeichenschiene anlegen!
Zeichenstifte: Zwei unterschiedliche Härten bereithalten (z. B. 2H – zum Vorzeichnen, HB – zum Ausziehen).
Zirkel: Stahlspitze und Spitze der Bleistiftmine auf gleiche Höhe einstellen!
Zeichenmaßstab: Bei Reduktionseinteilung auf den richtigen Maßstab achten!

Zeichnung 14.1:
Die Anwendung der Zeichengeräte soll bei diesem Blatt systematisch aufgezeigt werden. Auf dem Blatt werden drei rechtwinklige Dreiecke, drei ungleichseitige Dreiecke und drei Kreuze gezeichnet, die sich nur durch ihre Abmessungen unterscheiden.
Wie jeweils die erste Abbildung erstellt wird, zeigt die folgende Arbeitsanweisung. Die weiteren sechs Zeichnungen müssen gemäß dieser Arbeitsanweisung hergestellt werden, wobei die Maße aus der nachfolgenden Tabelle entnommen werden.
Blatteinteilung: Aufteilung des A4-Blattes im Hochformat entsprechend der Maßangaben. Die Figuren sind in den Abb. 14.2, 15.1 und 15.2 vergrößert dargestellt, damit man die Konstruktion besser erkennen kann.
Rechtwinkliges Dreieck (Abb. 14.2): Konstruieren Sie in die 1. Zeile der linken Spalte ein rechtwinkliges Dreieck bei gegebener Strecke $a = 50$ mm und dem Winkel $\beta = 30°$ und messen Sie die sich ergebenden Strecken und den Winkel α. **Einzelschritte:**
- Senkrechte Linie zeichnen (2H-Stift verwenden).
- Strecke a abtragen (kann mit Zirkel geschehen).
- Am Punkt B den 30°-Winkel antragen (z. B. mit Geodreieck). Strichdicke berücksichtigen!
- Den Strahl zeichnen.
- 90°-Winkel bei Punkt C antragen. Waagerechte zeichnen.
- Schnittpunkt von b mit c ist Punkt A. Strecken b und c sind damit begrenzt.

▲ 14.1

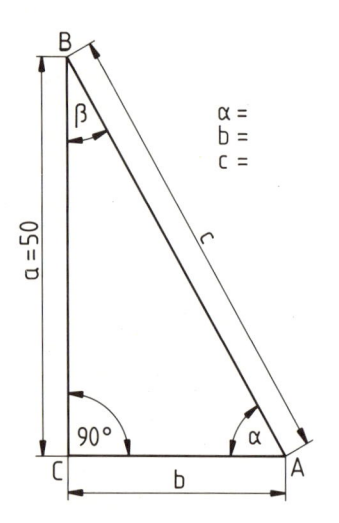

14.2 Rechtwinkliges Dreieck

- Ausziehen der Strecken (HB-Stift verwenden).
- Ausmessen der Strecken *b* und *c* und des Winkels α.

Ungleichseitiges Dreieck (Abb. 15.1): Konstruieren Sie in die 2. Zeile der linken Spalte ein Dreieck, bei dem alle Seiten gegeben sind: $a = 56$ mm, $b = 45$ mm, $c = 50$ mm. Die waagerechte Grundlinie ist *c*. **Einzelschritte:**
- Waagerechte Linie zeichnen und darauf Strecke abmessen.
- Strecke *a* am Zeichenmeßstab abgreifen (Zirkel).
- Diesen Zirkelschlag von B aus durchführen.
- Abgreifen der Strecke *b* und Zirkelschlag von A aus vornehmen.
- Schnittpunkt der beiden Zirkelschläge ist Punkt C.
- Dreieckseiten ausziehen (HB-Stift verwenden).

Kreuz (Abb. 15.2): Konstruieren Sie in die letzte Zeile der 1. Spalte das Kreuz mit den gegebenen Maßen. **Einzelschritte:**
- Senkrechte und waagerechte Mittellinie (Achsen) zeichnen.
- Äußere Begrenzungen A und B festlegen.
- Strecken *a* und *b* einmessen.
- Senkrechte und Waagerechte ziehen (ergibt Kreuzschenkel).
- Umrißlinien ausziehen.

Ähnliche Abbildungen (Zeichnung 14.1): Entsprechend den vorgestellten Abbildungen soll das Blatt durch ähnliche Übungen vervollständigt werden. Die Maße und Winkel ergeben sich aus der folgenden Tabelle. In die Zeichnung nur die Maßzahlen eintragen.

	2. Spalte	3. Spalte
Rechtwinkliges Dreieck	$\gamma = 90°$ $\beta = 32°$ $a = 65$ mm	$\gamma = 90°$ $\beta = 40°$ $a = 60$ mm
Ungleichseitiges Dreieck	$b = 40$ mm $a = 60$ mm $c = 70$ mm	$b = 55$ mm $a = 45$ mm $c = 60$ mm
Kreuz	$a = 15$ mm $b = 36$ mm $A = 37$ mm $B = 54$ mm	$a = 15$ mm $b = 28$ mm $A = 36$ mm $B = 60$ mm

2.2 Skizze und Zeichnung

Zur Erläuterung einer technischen Konstruktion benutzt der Handwerker neben der Sprache und der Schrift die Skizze oder die technische Zeichnung. Da die Zeichnung aber allgemein verständlich sein muß, sind wir in der Zeichnung an Normen gebunden (in Normblättern festgelegt).

Skizze
In vielen Bereichen des täglichen Lebens benutzt man Skizzen zur Erläuterung von Zusammenhängen.

- Skizzen sind nicht maßstäblich und meistens etwas vereinfacht gegenüber der Wirklichkeit.
- Skizzen sind in der Regel freihändig auszuführen.
- Zum Skizzieren eignet sich am besten Papier, das nicht zu glatt ist.
- Zum Vorskizzieren wählt man einen 2H-Stift, zum Nachziehen einen B-Stift oder einen Filzstift.
- Skizzen dienen oft zur Erläuterung von Einzelteilen.
- Die Maßzahlen müssen so geschrieben sein, daß sie einwandfrei zu lesen sind.
- Auch bei der Skizze sollte angestrebt werden, daß das Verhältnis der einzelnen Größen zueinander etwa der Wirklichkeit entspricht.

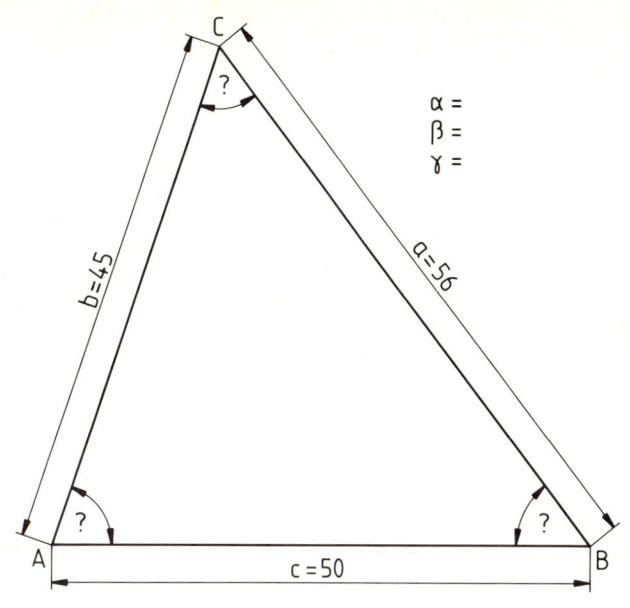

15.1 Ungleichseitiges Dreieck

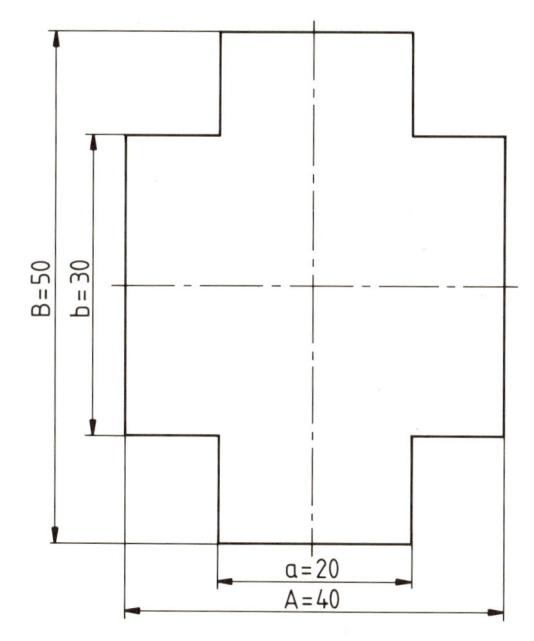

15.2 Kreuz

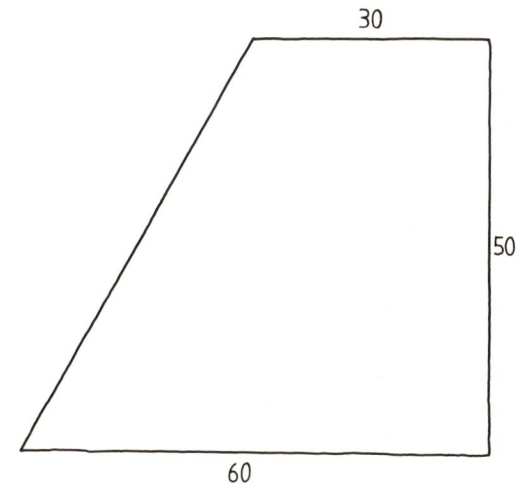

15.3 Skizze

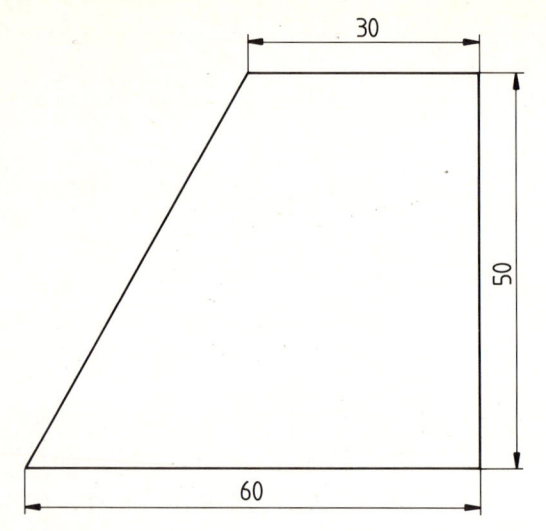

16.1 Für diese Zeichnung benötigt man Reißschiene, Winkel und zwei Bleistifte mit unterschiedlichen Härtegraden

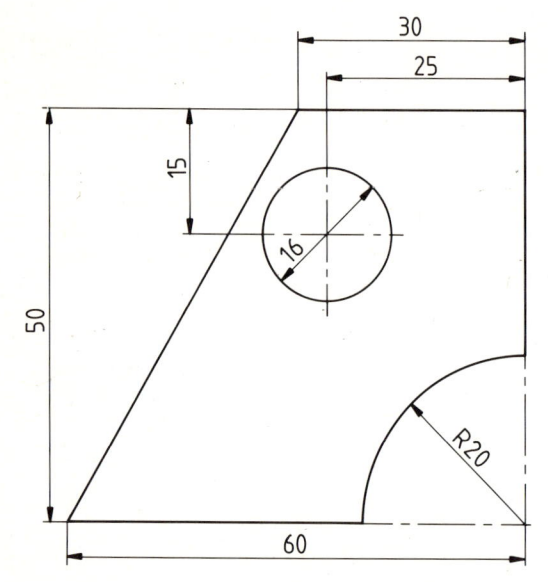

16.2 Für diese Zeichnung benötigt man zusätzlich einen Zirkel

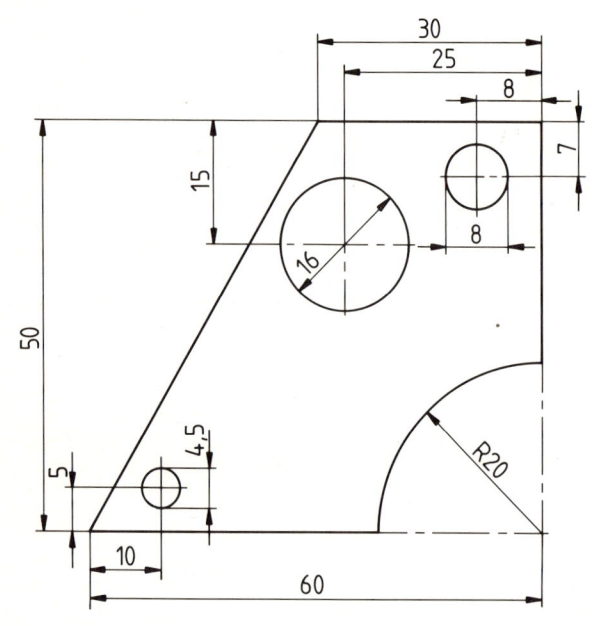

16.3 Für diese Zeichnung benötigt man zusätzlich einen Nullenzirkel

Abb. 15.3 zeigt die Skizze eines Bleches mit den Abmessungen 60 mm × 50 mm mit schrägem Ausschnitt.
Vorgehensweise: Man skizziert zunächst dünn die Umrißlinien eines Rechtecks mit den gegebenen Abmessungen.
Es ist darauf zu achten, daß die Höhe etwas niedriger ist als die Breite.
Man markiert die Mitte der oberen Länge und trägt die Abschnittskante ein.
Mit dem weichen Stift zieht man die endgültige Form aus und trägt die erforderlichen Maße ein.

Technische Zeichnung
Das wichtigste Ausdrucksmittel in der Technik ist die technische Zeichnung. Sie bildet die Grundlage für Herstellung, Entwurf, Montage, Bauaufnahme und Arbeitsvorbereitung.

- Die Darstellungsform einer technischen Zeichnung muß exakt und verbindlich sein.
- Die technische Zeichnung entspricht in Form und Größe dem Gegenstand in Wirklichkeit (Maßstab beachten).
- Alle Abmessungen können in der Zeichnung ausgemessen werden. Die erforderlichen Maße werden durch Maßzahlen angegeben.
- Bei allen Zeichnungen müssen die DIN-Normen eingehalten werden.
- Je nach Verwendungszweck unterscheidet man verschiedene Zeichnungsarten (z. B. Entwurfszeichnung, Ausführungszeichnung, Konstruktionszeichnung, Detailzeichnung).

Abb. 16.1 zeigt das in Abb. 15.4 skizzierte Blech als Zeichnung im Maßstab 1:1.
Ausführung: Zuerst zeichnet man als Waagerechte die untere Länge und trägt darauf die Strecke 60 mm ab. Man errichtet am rechten Endpunkt eine Senkrechte, trägt darauf die Strecke 50 mm ab. Durch den Endpunkte der Senkrechten wird eine Parallele zur Grundlinie gezeichnet mit der Länge von 30 mm. Die Endpunkte werden miteinander verbunden. Daraus ergibt sich die trapezförmige Zuschnittsfläche.
Bemaßung: Die Bemaßung nach DIN 406 verlangt Maßzahlen mit Maßlinien und Maßhilfslinien (vgl. Seite 18). Man zieht von den Flächenecken rechtwinklig zu den Kanten dünne Maßhilfslinien, etwa 12 mm lang. Zwischen diese Linien zeichnet man im Abstand von etwa 10 mm zu den Kanten dünne Maßlinien, die durch Maßpfeile begrenzt werden. Über der Maßlinie wird die Maßzahl eingetragen. Alle Maße werden in mm angegeben, daher kann die Maßeinheit entfallen.
Bei senkrechten Linien wird die Zahl so eingetragen, daß sie von rechts gelesen werden kann. Überflüssige Maßangaben sind zu vermeiden, daher wird die Schräge nicht bemaßt.
Abb. 16.2 zeigt das Blech der Abb. 16.1 mit weitergehender Bearbeitung. Es wird eine Bohrung im bestimmten Abstand durchgeführt sowie ein Viertelkreis ausgeschnitten.
Kreise werden grundsätzlich durch eine waagerechte und eine senkrechte Achse festgelegt. Diese werden als dünne Strichpunktlinien ausgeführt. Der Schnittpunkt der beiden Achsen ist der Mittelpunkt des Kreises.
In der **Abb. 16.3** kommen zusätzlich noch zwei weitere Bohrungen dazu. Die Einmessung der beiden Kreise erfolgt wie bei dem großen Kreis.
Ist der Durchmesser des zu zeichnenden Kreises klein, dann kann anstelle der Strichpunktlinie eine waagerechte und eine senkrechte durchgehende Linie gezeichnet werden.
Ist die Maßlinie sehr kurz, dann können die Pfeile auch außerhalb der Maßhilfslinie gesetzt werden. Der Abstand von Pfeilspitze zu Pfeilspitze ist maßgebend für die Länge der Maßlinie. Bei ganz kurzen Maßlinien muß die Maßangabe außerhalb der Maßlinie erfolgen.

Zeichnung 17.2:
Die gewonnenen Erkenntnisse sollen nun durch eigene Übungen gefestigt werden. Das zu erstellende Blatt enthält die besprochenen Zeichnungen. Das Blatt enthält außerdem die wesentlichen Zeichenregeln, die in Normschrift abgeschrieben werden sollen.
Zeichnen Sie das Blatt ab, und üben Sie die Normschrift durch Abschreiben der Merksätze!
Die Blatteinteilung ist durch die rot gekennzeichneten Maße angegeben. Diese Maße nicht ins Zeichenblatt eintragen!

Zeichnung 17.3:
Zu fertigen sind Skizzen und Zeichnungen für ein Blech mit den auf diesem Blatt angegebenen Maßen (vgl. Maße in der 1. Zeile der untenstehenden Tabelle 17.1).
In der linken Spalte sind nur Skizzen, in der rechten Spalte sind die Zeichnungen.
1. Zeile nur Trapez
2. Zeile Trapez mit Halbkreis
3. Zeile Trapez mit Halbkreis und Bohrung

Zeichnung (2. Zeile der Tabelle 17.1):
Fertigen Sie ein neues Blatt an. Die Einteilungsmaße sind aus der Zeichnung 17.3 ersichtlich (rot gekennzeichnete Bemaßung). Die Fertigungsmaße werden jedoch aus der 2. Zeile der untenstehenden Tabelle 17.1 entnommen.

Zeichnung (3. Zeile der Tabelle 17.1):
Skizzieren und zeichnen Sie das angeschnittene Blech in den vorher aufgezeigten Schritten, jedoch mit den Maßen der 3. Zeile der Tabelle 17.1.

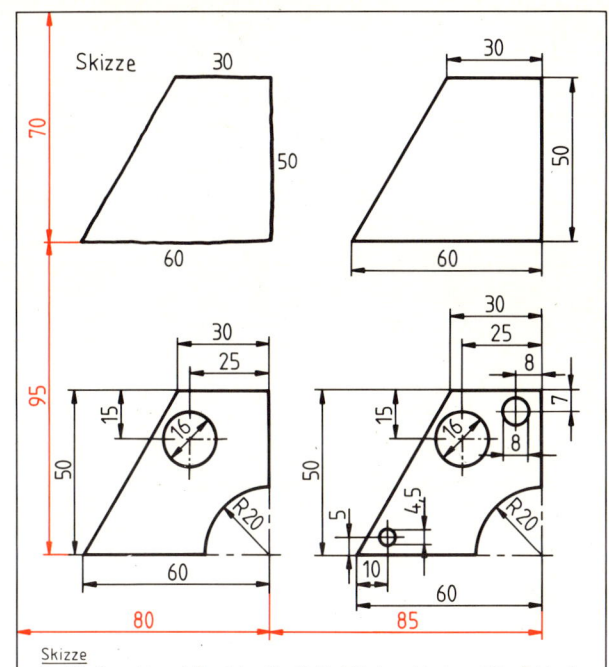

Skizze
Freihändig zeichnen! Beachten Sie die Verhältnisse l:b. Leserliche Zahlen!
Zeichnung
Maßstabsgenau, Maßlinien mit Maßpfeilen, Maßzahlen von rechts oder vorn lesbar. Waagerechte und senkrechte Mittellinie für Kreis festlegen! Schnittpunkt der beiden Mittellinien ist der Kreismittelpunkt. Mittellinien werden als Strichpunktlinien gezeichnet. Bei kleinen Kreisen sind die Mittellinien nur schmale durchgehende Linien. Durchmesserangabe bei großen Kreisen durch die Maßlinie im Kreis mit darüberstehender Maßzahl. Bei kleinen Kreisen liegt die Maßlinie außerhalb des Kreises.

Trapeze (M. 1:1). **a)** Die dargestellten Trapeze zeichnen und bemaßen. **b)** Die Zeichenregeln in Normschrift schreiben.

▲ 17.2   17.3 ▼

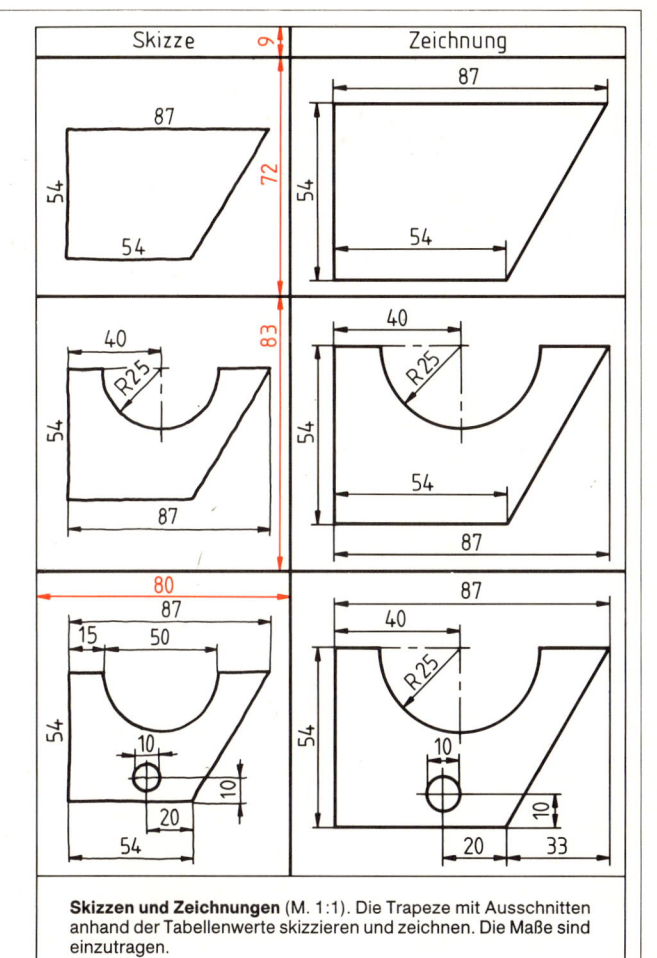

Skizzen und Zeichnungen (M. 1:1). Die Trapeze mit Ausschnitten anhand der Tabellenwerte skizzieren und zeichnen. Die Maße sind einzutragen.

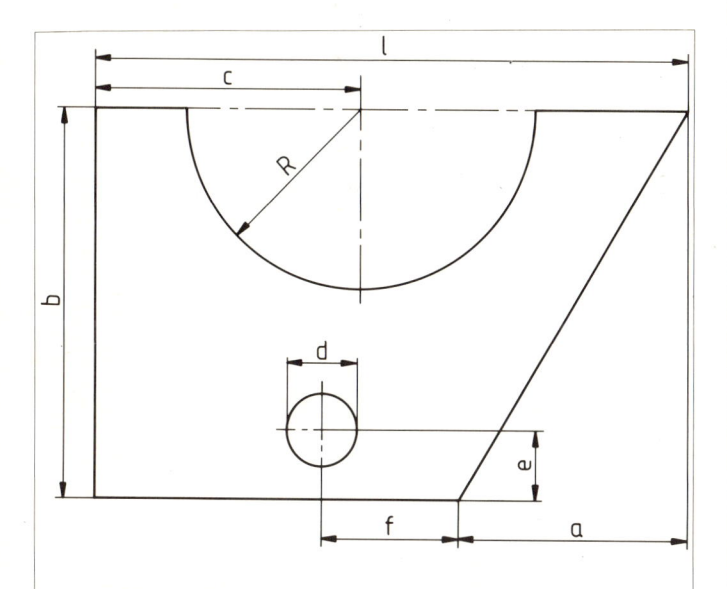

Maße in mm	Zeichnung		
	17.3	17.3a (neu)	17.3b (neu)
l	87	75	80
b	54	50	52
a	33	40	35
c	40	30	25
R	25	20	15
e	10	15	20
f	20	25	18
d	10	12	15

17.1 Maße für Zeichnungen 17.2 und 17.3

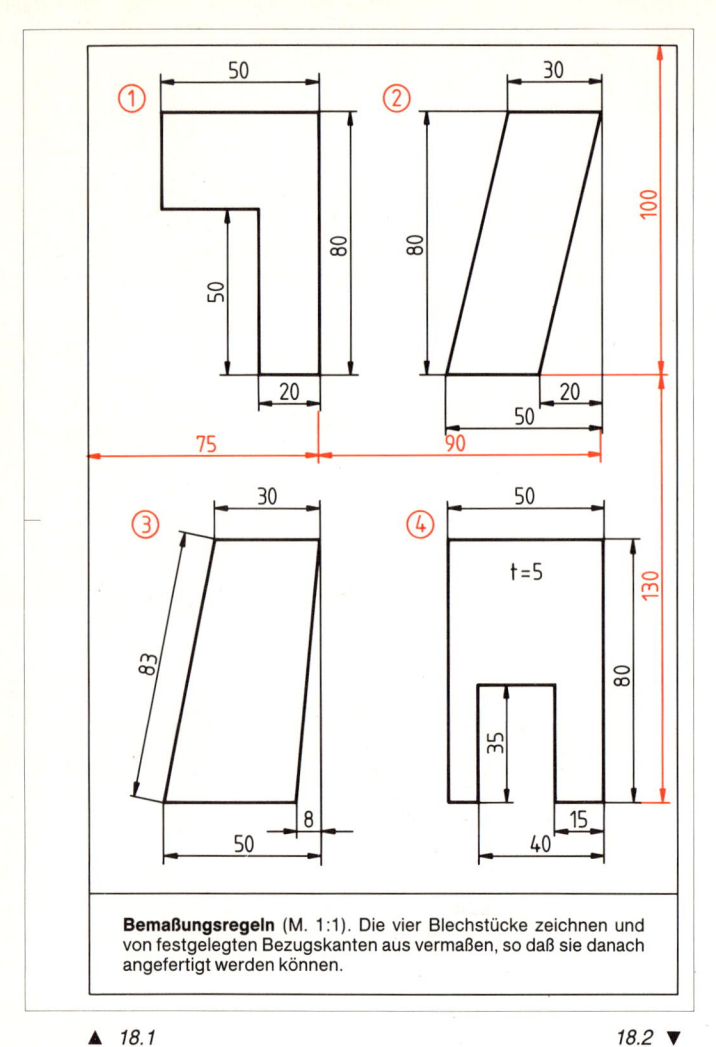

2.3 Grundsätzliches zur Bemaßung von Zeichnungen

Das Anfertigen eines Werkstückes aufgrund einer Zeichnung ohne Maßangabe ist möglich, wenn der Maßstab der Zeichnung (Vergrößerung – Verkleinerung) angegeben wird. Ein zufriedenstellendes Ergebnis kann jedoch nur dann erzielt werden, wenn die Zeichnung sehr genau ist und das Abmessen exakt erfolgt. Um diese Bedingungen erfüllen zu können, wird eine Zeichnung vermaßt, d. h., es werden die Maße angegeben, die zur Herstellung des Werkstückes erforderlich sind. In den vorstehenden Zeichnungen waren bereits Maße angegeben, ohne daß darauf näher Bezug genommen wurde. Für die Bemaßung gibt es jedoch Regeln, die in diesem Kapitel erläutert und in Zeichnungen verdeutlicht werden sollen.

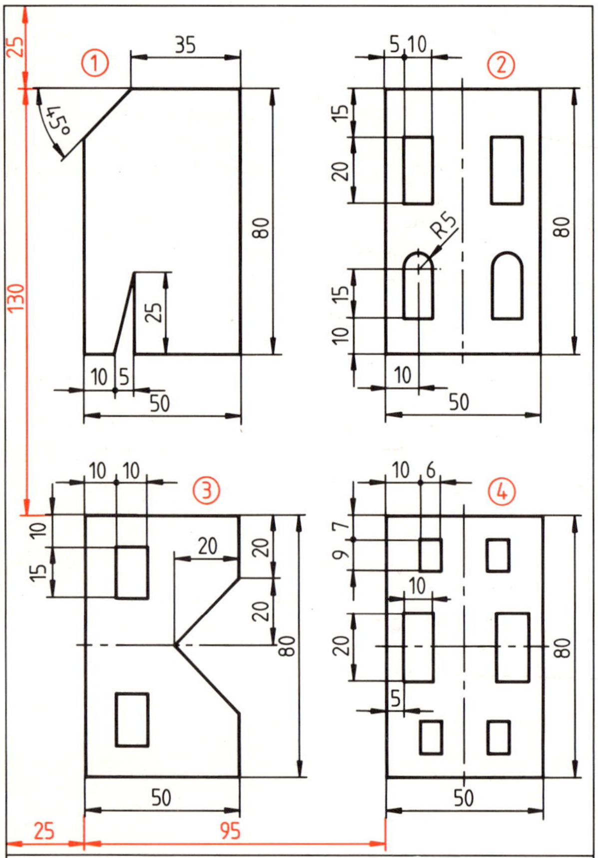

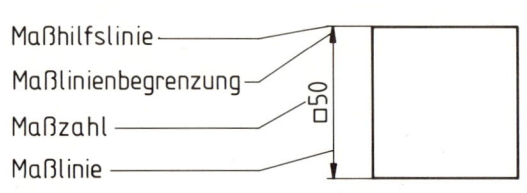

18.1 **Bemaßungsregeln** (M. 1:1). Die vier Blechstücke zeichnen und von festgelegten Bezugskanten aus vermaßen, so daß sie danach angefertigt werden können.

18.3 Elemente der Bemaßung

Die **Maßlinien** sind schmale Vollinien, die meist parallel zu den Körperkanten verlaufen. Der Abstand hierzu soll etwa 10 mm betragen. Sind weitere parallele Maßlinien erforderlich, so müssen die folgenden Abstände nur 7 mm betragen.
Die **Maßlinienbegrenzungen** sind im Normalfall geschlossene Pfeile, deren Winkel 15° betragen.
Die **Maßhilfslinien** sind schmale Vollinien, die unmittelbar an den Kanten beginnen. Sie verlaufen im Normalfall rechtwinklig zu den Kanten bzw. Maßlinien und enden 1 bis 2 mm nach der Maßlinie.
Die **Maßzahl** ist die Zahl, die vorzugsweise in mm ohne Einheiten über die Maßlinie geschrieben wird. Bei kurzen Maßlinien setzt man die Maßzahl auf die Höhe der Maßhilfslinie außerhalb der Maßhilfslinie.
Alle Maße einer Zeichnung werden in derselben Einheit angegeben.

Allgemeine Regeln für die Bemaßung
Die Bemaßung ist so vorzunehmen, daß das Werkstück ohne Schwierigkeiten gefertigt werden kann.

> Die Bemaßung erfolgt von festgelegten Bezugskanten aus. Diese können nach folgenden Gesichtspunkten festgelegt werden:
> - fertigungsbezogen
> - funktionsbezogen
> - prüfungsbezogen

18.2 **Bemaßungsregeln** (M. 1:1). Die vier Werkstücke zeichnen und vermaßen. Beachtung der Symmetrie bei Abb. ② bis ④.

In den Zeichnungen 18.1 und 18.2 sind folgende **Bemaßungsregeln** veranschaulicht:
- Keine Maßketten und keine überflüssigen Maße angeben! (Wurde in allen Zeichnungen verwirklicht.)
- Die Schräge kann durch senkrechte und waagerechte Maße angegeben werden (Zeichnung 18.1 ②).
  Die Schräge kann auch durch die wahre Länge der Schrägen in Verbindung mit deren waagerechten Abstand angegeben werden (Zeichnung 18.1 ③). Die Bemaßung der Schrägen in Zeichnung 181.② ist vorzuziehen.
- Die Maßhilfslinien bilden auch zu schrägen Umfangslinien einen rechten Winkel (Zeichnung 18.1 ③).

- Die Werkstückdicke wird mit dem Zusatz *t* in Millimeter ohne Einheit angegeben (Zeichnung 18.1 ④).
- Die der Körperkante am nächsten liegende Maßlinie soll einen Abstand von 10 mm, die darauf folgende von 7 mm haben.
- Können die Maßpfeile aus Platzgründen nicht innerhalb der Maßhilfslinien gesetzt werden, dann müssen sie außerhalb der Maßhilfslinien gezeichnet werden. Der Abstand von Pfeilspitze zu Pfeilspitze gibt auch hier die Länge der Maßlinie an (Zeichnung 18.1 ③).
- Können die Pfeile in aufeinanderfolgenden kurzen Maßlinien nicht untergebracht werden, dann können die entgegengesetzten mittleren Pfeile durch einen Punkt ersetzt werden (Zeichnung 18.2 ④).
- Symmetrische Formen werden durch Symmetrielinien gekennzeichnet. Sie werden als schmale Strichpunktlinien gezeichnet. Durch das Einzeichnen der Symmetrielinien erspart man sich Maßeintragungen. Darstellung: senkrechte Symmetrielinie (Zeichnung 18.2 ②) → links ≙ rechts, waagerechte Symmetrielinie (Zeichnung 18.2 ③) → oben ≙ unten, senkrechte und waagerechte Symmetrielinie (Zeichnung 18.2 ④) → links ≙ rechts, oben ≙ unten.

Bemaßung beim Kreis
Wegen der Vielfältigkeit der Kreisdarstellung werden die bis jetzt erarbeiteten Kreisdarstellungen einschließlich neuer Darstellungsmöglichkeiten anhand der Zeichnung 19.1 erläutert und zusammengefaßt.

Zeichnung 19.1 ①:
Zylindrische Körper, wie z. B. Rohr, Behälter, erscheinen in einigen Ansichten als Rechtecke. Damit man den Kreisquerschnitt erkennen kann, wird vor die Maßzahl das Durchmesserzeichen gesetzt.

Zeichnung 19.1 ②:
Erkennt man einen Kreis eindeutig in der Zeichnung, entfällt das Durchmesserzeichen. Die Durchmessermaßlinie wird in den Kreis möglichst unter einem Winkel von 45° eingetragen. Bei kleinen Kreisen zeichnet man die Durchmessermaßlinie (als Senkrechte oder Waagerechte) außerhalb des Kreises und begrenzt sie durch Hilfslinien. Die Durchmesserangabe erfolgt über der Maßlinie.

Zeichnung 19.1 ③:
Bei Halb- oder Viertelkreisen wird anstatt des Durchmessers der Radius angegeben. Die Maßzahl wird mit einem vorangestellten R versehen. Der Mittelpunkt des Kreises, auch des Halbkreises oder Viertelkreises wird durch den Schnittpunkt der Senkrechten mit der Waagerechten gekennzeichnet. Die Maßlinien für Radien erhalten nur eine Begrenzung am Kreisbogen. Die Radiusmaßlinie geht immer vom Mittelpunkt aus. Bei kleinen Radien setzt man den Pfeil außerhalb des Kreisbogens.

Zeichnung 19.1 ④:
Für einen Kreisbogenabschnitt muß außer dem Durchmesser bzw. Radius noch eine zusätzliche Angabe erfolgen. Dies geschieht durch einen Winkel, eine Bogenlänge oder eine Sehnenlänge.

Zeichnung 19.1 ⑤:
Müssen von demselben Kreismittelpunkt mehrere Kreise mit verschiedenen Radien eingezeichnet werden, dann können sie statt im Mittelpunkt an einem kleinen Hilfskreisbogen beginnen, wodurch der exakte Mittelpunkt erkennbar bleibt. Die Radien können auch an Lochkreisen enden. Diese Kreise werden als schmale Strichpunktlinien gezeichnet. Maßeintragungen bei Maßlinien, die einen stumpfen Winkel zur Waagerechten bilden, müssen von links lesbar sein.

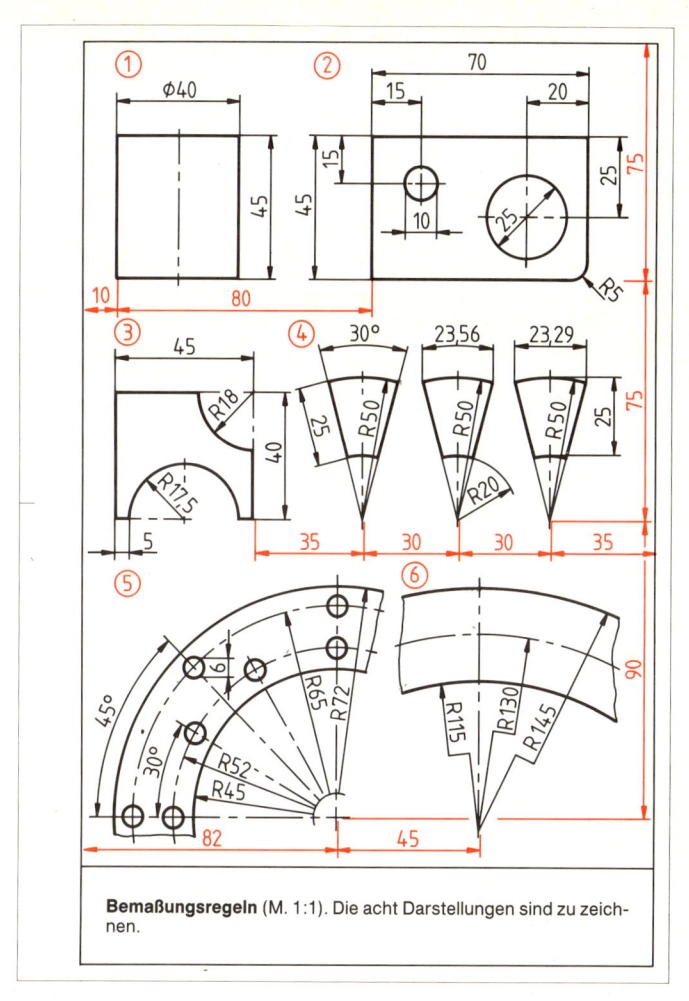

Bemaßungsregeln (M. 1:1). Die acht Darstellungen sind zu zeichnen.

▲ 19.1

Zeichnung 19.1 ⑥:
Bei schwach gekrümmten Bögen kann der Kreismittelpunkt häufig nicht mehr eingezeichnet werden, da er außerhalb des Zeichenblattes liegen würde. In diesem Fall knickt man den Radius ab. Der mit dem Maßpfeil versehene Teil bis zur Knickstelle zeigt auf den Kreismittelpunkt. Er würde bei Verlängerung die senkrechte Mittelachse schneiden. Der zweite Teil der Maßlinie endet demnach nicht im Einsatzpunkt des Zirkels. Dieser Punkt kann beliebig festgelegt werden. Er endet jedoch noch auf dem Zeichenblatt.

Bemaßungsfehler
Die Grundsätze der in den Zeichnungen 18.1 und 18.2 dargestellten normgerechten Bemaßung sollten strikt eingehalten werden. Im allgemeinen werden folgende **Fehler** gemacht:

Bei Symmetrie- und Mittellinien
- Es wird eine Symmetrielinie eingezeichnet, obwohl das Werkstück nicht symmetrisch ist. Beachte: Nur die Grundform muß symmetrisch sein. Abweichungen in den Einzelheiten sind zulässig.
- Der Schnittpunkt von Mittellinien ist nicht eindeutig durch den Schnittpunkt des waagerechten und senkrechten Striches (z. B. Zeichnung 20.2 ⑤) festgelegt.
- Die Symmetrie- und Mittellinien werden nicht richtig gezeichnet.

Bei Maßlinien
- Bei zwei oder mehr parallelen Maßlinien schneiden sich Maßhilfslinien und Maßlinien. Das passiert, wenn man zuerst die längere und dann die kürzere Maßlinien einzeichnet (Zeichnung 20.2 ②).

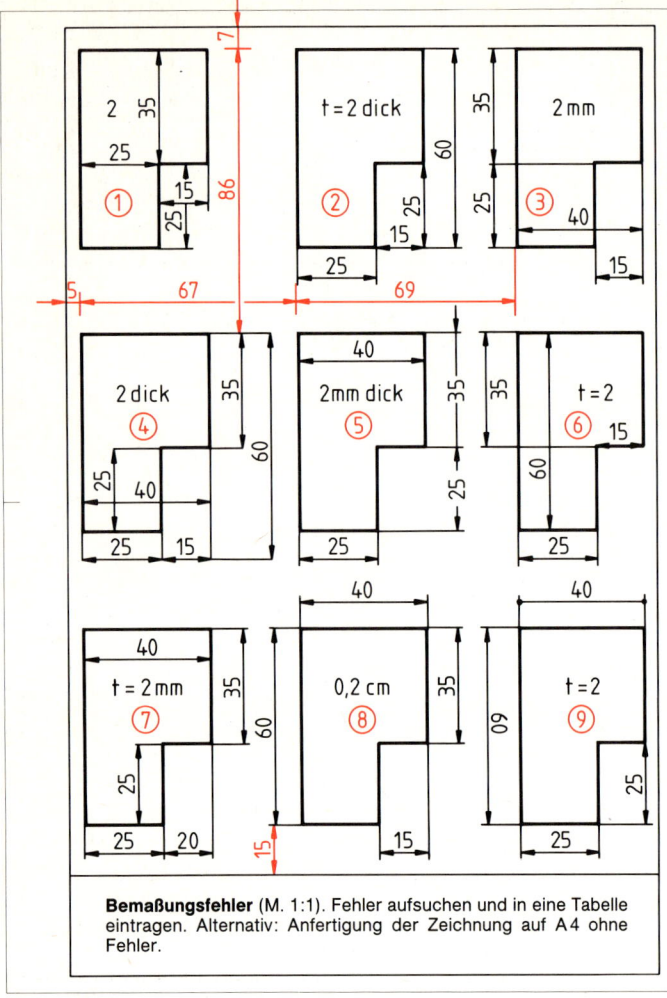

Der Abstand ist zu gering, so daß zu wenig Platz für die Maßzahl ist (Zeichnung 20.2 ③).
- Die Maßlinie ist zu dick gezeichnet, die Zeichnung wird dadurch nicht genügend hervorgehoben (Zeichnung 20.2 ⑦).
- Die Maßpfeile sind nicht korrekt oder enden an einer Körperkante (Zeichnung 20.1 ①).

Bei Maßhilfslinien
- Sie überschneidet sich mit einer Maßlinie (Zeichnung 20.2 ②).
- Sie steht nicht senkrecht zur Körperkante (Zeichnung 20.2 ⑥).
- Sie ist nicht vorhanden (Zeichnung 20.1 ⑥).
- Sie ragt nicht über die Maßlinie hinaus (Zeichnung 20.1 ④).
- Sie ist zu dick gezeichnet (Zeichnung 20.2 ⑦).

Bei Maßangaben (Maßzahlen)
- Es fehlen Maße. Das Werkstück kann deshalb nicht hergestellt werden (Zeichnung 20.2 ①).
- Es liegt eine Überbemaßung vor, d. h., Maße werden doppelt angegeben (Zeichnung 20.1 ④).
- Es liegen Maßketten vor, d. h., die Maße werden nicht von der Bezugsebene aus angegeben. Die zur Herstellung erforderlichen Maße müssen daher erst errechnet werden (Zeichnung 20.2 ①).
- Das Zusatzzeichen ist fehlerhaft. Dadurch kann die erforderliche Bearbeitung nicht durchgeführt werden (Zeichnung 20.1 ①).
- Die Maßzahl wird in die falsche Richtung geschrieben oder sie steht auf einer Körperkante (Zeichnungen 20.1 ⑥, 20.1 ⑨).
- Die Winkeleintragung ist fehlerhaft (Zeichnung 20.2 ②).
- Maßzahlen werden nicht über die Maßlinie geschrieben (Zeichnung 20.1 ⑤).

Zeichnung 20.1: Aufsuchen von Bemaßungsfehlern
In dieser Zeichnung wurden absichtlich zahlreiche Fehler gemacht. Fertigen Sie entsprechend nachfolgendem Muster eine Tabelle an, in der Sie durch ein Kreuz angeben sollen, bei welchen Begriffen Fehler gemacht wurden (wie bei Zeichnung ① vorgegeben).

Fehler bei	①	②	③	④	⑤	⑥	⑦	⑧	⑨
Symmetrie-/Mittellinien	–	?	?	?	?	?	?	?	?
Maßlinien	x	?	?	?	?	?	?	?	?
Maßhilfslinien	x	?	?	?	?	?	?	?	?
Maßangaben	x	?	?	?	?	?	?	?	?

Aufgabe 20.2: Aufsuchen von Bemaßungsfehlern
In dieser Zeichnung wurden ebenfalls eine Reihe von Fehlern gemacht. Fertigen Sie entsprechend nachfolgendem Muster eine Tabelle an, in der Sie durch ein Kreuz angeben sollen, bei welchen Begriffen Fehler gemacht wurden.

Fehler bei	①	②	③	④	⑤	⑥	⑦	⑧	⑨
Symmetrie-/Mittellinien	x	?	?	?	?	?	?	?	?
Maßlinien	x	?	?	?	?	?	?	?	?
Maßhilfslinien	x	?	?	?	?	?	?	?	?
Maßangaben	x	?	?	?	?	?	?	?	?

Bemaßungsfehler (M. 1:1). Fehler aufsuchen und in eine Tabelle eintragen. Alternativ: Anfertigung der Zeichnung auf A4 ohne Fehler.

▲ 20.1   A 20.2 ▼

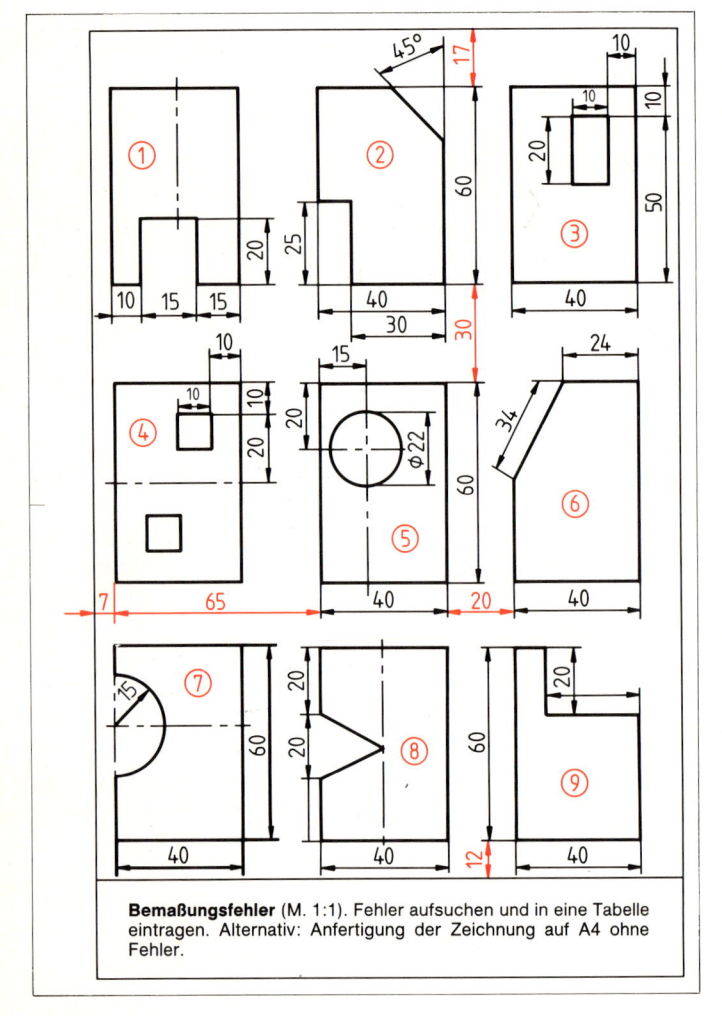

Bemaßungsfehler (M. 1:1). Fehler aufsuchen und in eine Tabelle eintragen. Alternativ: Anfertigung der Zeichnung auf A4 ohne Fehler.

2.4 Zeichen- und Meßübungen

Zeichnung 21.1:
Konstruieren Sie aufgrund der nachfolgenden Maß- und Winkelangaben diese Dreiecke (Blatteinteilung beachten!). Die sich durch die Konstruktion zwangsläufig ergebenden anderen Maße (Strecken, Winkel) sind abzumessen und einzutragen.
Beachten Sie:
Gegenüber der Seite a liegt der Winkel α.
Gegenüber der Seite b liegt der Winkel β.
Gegenüber der Seite c liegt der Winkel γ.

Abb.	Gegeben	Gesucht
①	$a = 60$ mm; $\beta = 40°$; $\gamma = 90°$	b; c; α
②	$b = 40$ mm; $\alpha = 60°$; $\gamma = 90°$	a; c; β
③	$c = 73$ mm; $\alpha = 50°$; $\gamma = 90°$	a; b; β
④	$a = 46$ mm; $b = 34$ mm; $c = 46$ mm	α; β; γ
⑤	$a = 50$ mm; $b = 25$ mm; $c = 48$ mm	α; β; γ
⑥	$a = 32$ mm; $b = 40$ mm; $c = 32$ mm	α; β; γ
⑦	$b = 36$ mm; $\alpha = 70°$; $\gamma = 62°$	a; c; β
⑧	$a = 54$ mm; $b = 34$ mm; $\gamma = 60°$	c; α; β
⑨	$a = 55$ mm; $b = 30$ mm; $\alpha = 115°$	c; β; γ

Weitere Hinweise
- Die drei Winkel eines Dreiecks haben zusammen immer 180°.
- Beim rechtwinkligen Dreieck liegt die längste Seite immer gegenüber dem rechten Winkel.
- Ein spitzwinkliges Dreieck hat drei spitze Winkel (Winkel unter 90°).
- Ein stumpfwinkliges Dreieck hat einen stumpfen Winkel (Winkel über 90°).

Zeichnung 21.2:
Messen Sie aus dem Buch von jedem einzelnen Viereck die in der Tabelle gekennzeichneten Seiten oder Winkel, und tragen Sie das Ergebnis in eine Tabelle gemäß folgendem Muster ein. Es sind nur die durch Fragezeichen gekennzeichneten Seiten und Winkel zu ermitteln!
Hinweis: Die beiden oberen Vierecke sind Trapeze, da zwei Seiten parallel verlaufen.

Abb.	Zu messende Strecken und Winkel								
	a	b	c	d	α	β	γ	δ	HL
①	–	?	?	–	?	–	–	?	–
②	–	?	–	?	?	–	–	?	–
③	–	?	?	?	?	–	–	?	–
④	?	?	?	–	?	–	–	–	–
⑤	?	?	?	?	–	–	–	–	?
⑥	?	?	?	?	–	–	–	–	?

Konstruieren Sie die Vierecke der Zeichnung 21.2 aufgrund der gemessenen und in der Tabelle eingetragenen Werte. Die Blatteinteilung ist nach der Zeichnung 21.2 vorzunehmen.
Hinweis: Da die Abbildung im Buch für die Übertragung auf ein Schülerblatt zu klein ist, müssen alle gemessenen Strecken mit zwei multipliziert werden.

Weitere Hinweise
- Die Summe aller vier Winkel eines Vierecks ist immer 360°, da man jedes Viereck in zwei Dreiecke unterteilen kann (2 · 180° = 360°).
- Stehen bei einem Viereck zwei Seiten parallel zueinander, dann spricht man von einem Trapez. Ist dies nicht der Fall, dann bezeichnet man ein solches Viereck als ein unregelmäßiges Viereck.

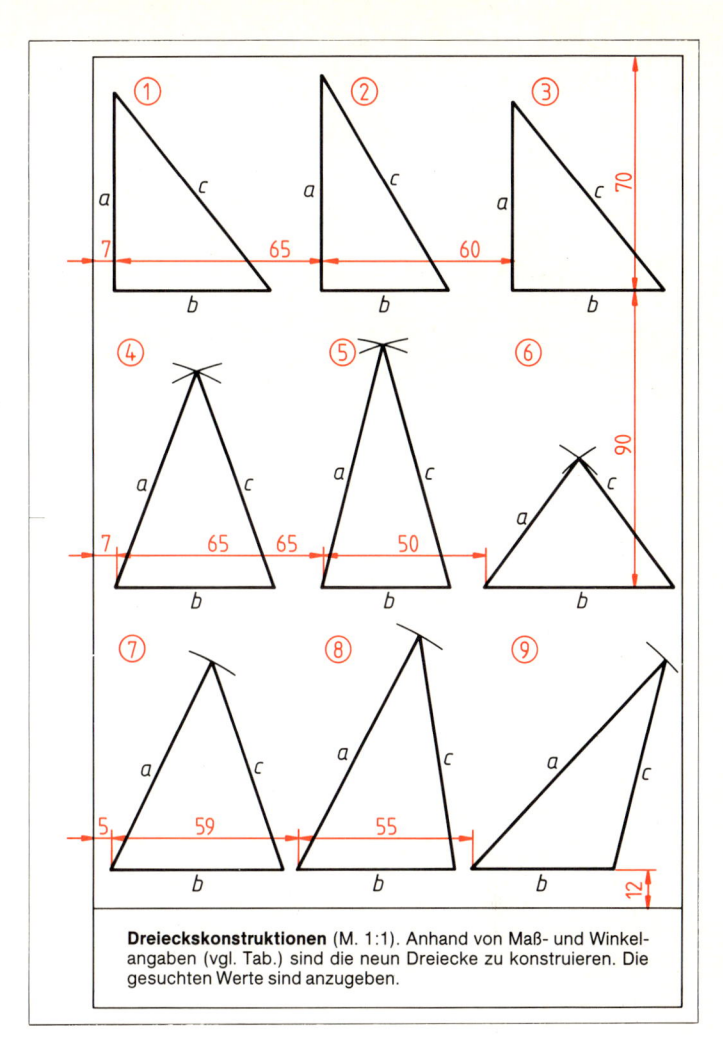

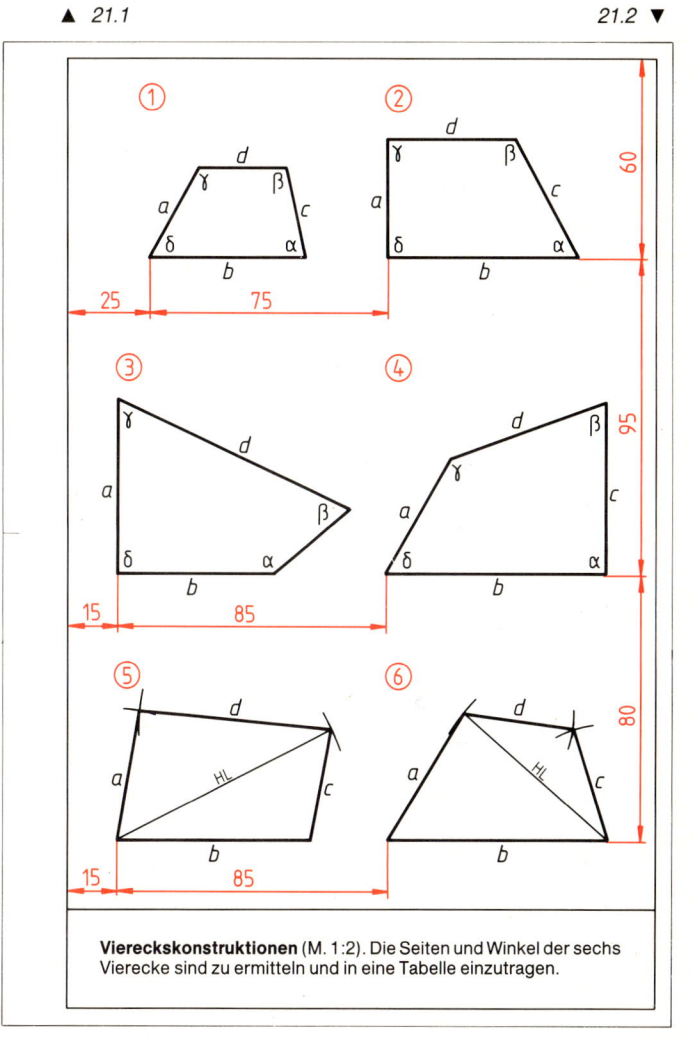

Dreieckskonstruktionen (M. 1:1). Anhand von Maß- und Winkelangaben (vgl. Tab.) sind die neun Dreiecke zu konstruieren. Die gesuchten Werte sind anzugeben.

▲ 21.1

21.2 ▼

Viereckskonstruktionen (M. 1:2). Die Seiten und Winkel der sechs Vierecke sind zu ermitteln und in eine Tabelle einzutragen.

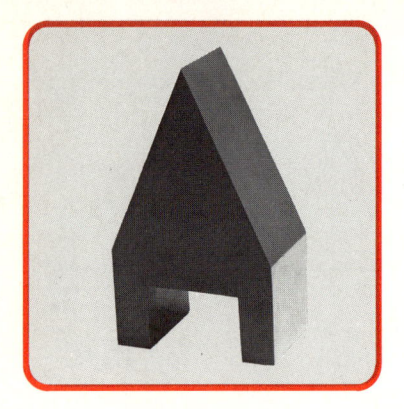

3 Darstellung von Körpern (Projektionslehre)

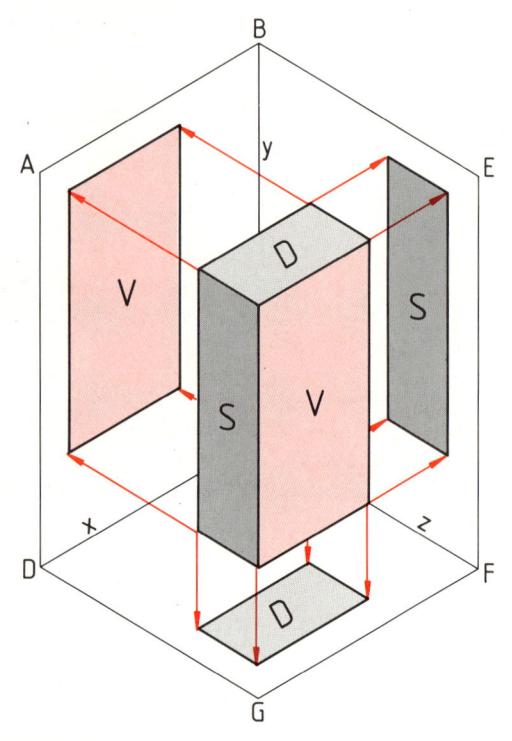

Kenntnisse der Projektionslehre sind die Eingangsvoraussetzung für das „Technische Zeichnen".

Das räumliche Vorstellungsvermögen soll hier soweit entwickelt werden, daß Zeichnungen gelesen und Konstruktionsvorstellungen durch Fertigen einer allgemein verständlichen Skizze oder Zeichnung dargestellt werden können. Dieses wird schrittweise durch folgende Lerninhalte erreicht:
- Ein Körper, der als Werkstück oder durch die räumliche Darstellung gegeben ist, muß in mehreren Ansichten gezeichnet werden.
- Ein durch mehrere Ansichten gegebener Körper muß räumlich gezeichnet werden.
- Nicht geordnete Ansichtszeichnungen müssen richtig zugeordnet werden (Leseübungen).

3.1 Flächenhafte Darstellung von Körpern

Man unterscheide zwei Darstellungsarten:
- Flächenhafte Darstellung
- Räumliche Darstellung

Die räumliche Darstellung setzt weniger Kenntnisse in den Darstellungsregeln voraus als die flächenhafte Darstellungsart. Sie erfordert dagegen einen größeren Zeitaufwand. Im Normalfall wird daher ein Gegenstand in einer technischen Zeichnung flächenhaft dargestellt. Um diesen richtig darstellen zu können, muß man ihn von verschiedenen Seiten (Ansichten) betrachten. Hierbei unterscheidet man aufgrund der unterschiedlichen Blickrichtung folgende Ansichten (Flächen):

> **Vorderansicht:** Betrachter steht vor dem Körper mit Blickrichtung zum Körper.
> **Seitenansicht:** Betrachter steht links neben dem Körper mit Blickrichtung zum Körper.
> **Draufsicht:** Betrachter steht über dem Körper und betrachtet ihn von oben.

22.1 Räumliche Darstellung eines Körpers und der drei Ansichten: Vorderansicht V, Seitenansicht S, Draufsicht D

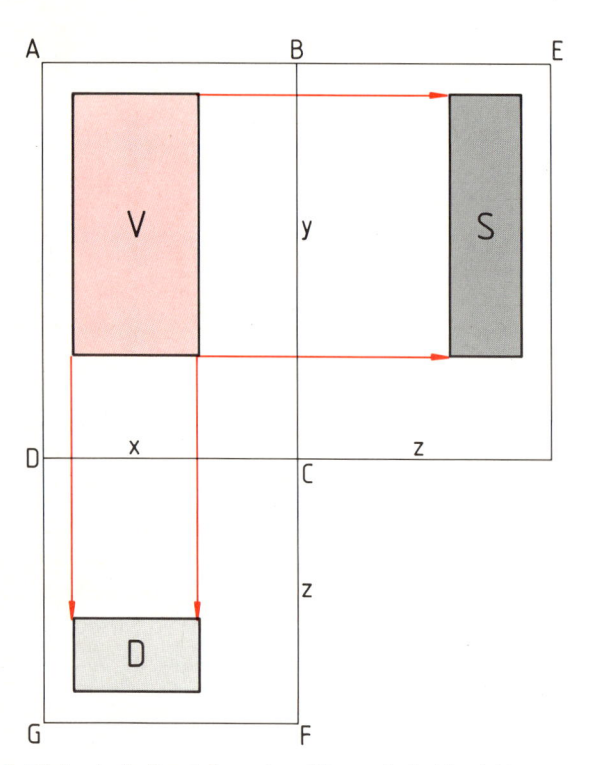

22.2 Flächenhafte Darstellung eines Körpers in drei Ansichten

In Abb. 22.1 ist eine Raumecke mit einer Vorderfläche, mit einer Seitenfläche und mit einer Bodenfläche (Tafelebene) abgebildet, in deren Mitte ein Quader steht. Sie zeigt, wie man von einem gegebenen Körper zu einer flächenhaften Darstellung kommt:

Vorderansicht V
Betrachtet man den abgebildeten Körper senkrecht von vorne, dann sieht man die Rechteckfläche V, die sich in ihren Abmessungen auf der hinteren Tafelebene abzeichnet.

Seitenansicht S
Betrachtet man den Körper von der linken Seite, dann ergibt sich die auf der rechten Tafelebene dargestellte Rechteckfläche S.

Draufsicht D
Betrachtet man den Körper senkrecht von oben, dann sieht man die Rechteckfläche D. Die Darstellung erfolgt senkrecht unterhalb der Vorderansicht. Klappt man die rechtwinklig zueinanderstehenden Tafelebenen so um, daß sie in einer gemeinsamen Ebene liegen, dann sind die Ansichten wie in Abb. 22.2 angeordnet.

> Die Seitenansicht von links wird auf derselben Höhe rechts neben der Vorderansicht gezeichnet.
> Die Draufsicht wird senkrecht unter der Vorderansicht angeordnet.

Die Abstände zwischen den Ansichten können frei gewählt werden. Zu beachten ist allerdings der Platzbedarf für die Bemaßung und eine optische Abstimmung auf die Blattgröße. Sollte zur besseren Veranschaulichung des Körpers auch noch die Seitenansicht von rechts erforderlich sein, dann gelten auch hier die oben beschriebenen Grundsätze. Sie ist daher links von der Vorderansicht zu zeichnen. Beide Seitenansichten und die Vorderansicht stehen auf derselben Höhe. Zur Darstellung eines Körpers genügen häufig zwei Ansichten. Wegen der besseren Veranschaulichung werden in diesem Kapitel jedoch jeweils drei Ansichten gezeichnet.

3.2 Räumliche Darstellung

Eine Vorstellung vom Aussehen eines Körpers erhält man sofort durch die räumliche Darstellung. Hierzu ist nur eine Zeichnung erforderlich, deren Anfertigung oft jedoch recht zeitaufwendig ist. Diese Darstellungsart findet man in vielen technischen Unterlagen (Prospekten, Katalogen, Büchern), da sie auch für den Laien verständlich ist.
Bevor man den Körper räumlich darstellt, sollte man sich über folgende Wesensmerkmale klarwerden:
- Körper werden durch Flächen begrenzt.
- Wo zwei Flächen zusammenstoßen, entsteht eine Kante, die als Strecke dargestellt wird.
- Wo drei Flächen zusammenstoßen, entsteht eine Ecke, die als Punkt dargestellt wird.

Es gibt mehrere räumliche Darstellungsverfahren. In diesem Buch wird die **isometrische Projektion** nach DIN 5 angewandt. Hierfür gelten folgende **Regeln:**
- Senkrechte Kanten werden auch senkrecht in wahrer Größe gezeichnet.
- Waagerechte Kanten (Körperkanten für die Breite und Tiefe) werden unter einem 30°-Winkel zur Waagerechten in wahrer Länge (isometrisch) gezeichnet.
- Alle am Körper parallel liegenden Kanten werden auch parallel gezeichnet.
- Sichtbare Kanten werden als Vollinien gezeichnet.
- Verdeckte Kanten werden als Strichlinie (gestrichelt) gezeichnet.

> Eine Kante stellt sich in wahrer Länge als Strecke dar, wenn sie parallel zur betreffenden Ansichtsebene liegt. Eine Kante stellt sich als Punkt dar, wenn sie senkrecht zur Ansichtsebene verläuft.

> Eine Fläche erscheint als Fläche in ihrer wahren Größe, wenn sie parallel zur Ansichtsebene liegt.
> Eine Fläche stellt sich als Strecke dar, wenn sie senkrecht zu einer Ansichtsebene steht.

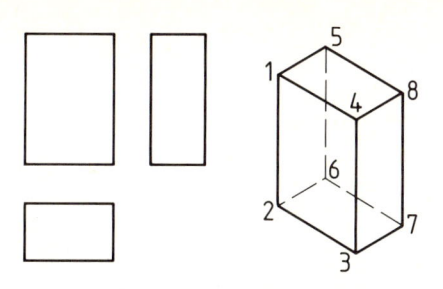

23.1 Flächenhafte und räumliche Darstellung

Aufgaben (Abb. 23.1):
1. Wo und wie stellen sich die Kanten und Ecken der Seitensicht in Vorderansicht und Draufsicht dar?
2. Wo und wie stellen sich die Kanten und die Eckpunkte der Vorderansicht, in der Draufsicht und in der Seitenansicht dar?
3. Wo und wie stellen sich die Kanten und die Eckpunkte der Draufsicht in der Vorderansicht und in der Seitenansicht dar?
4. Wo und wie stellt sich die in der Seitenansicht abgebildete Fläche 1–2–6–5 in der Vorderansicht und in der Draufsicht dar?
5. Warum erscheint die in der Draufsicht abgebildete Fläche 1–4–8–5 in der Vorderansicht und in der Seitenansicht als Strecke und in der Draufsicht als Fläche?
6. Wo erscheint die in der Seitenansicht abgebildete Strecke 2–6 als Punkt und wo als Strecke?
7. Warum wird die Strecke 3–7 in der Vorderansicht als Punkt und in der Draufsicht als Strecke abgebildet?
8. Wo und wie erscheint die Strecke 3–7 in der Seitenansicht?

▼ 23.2

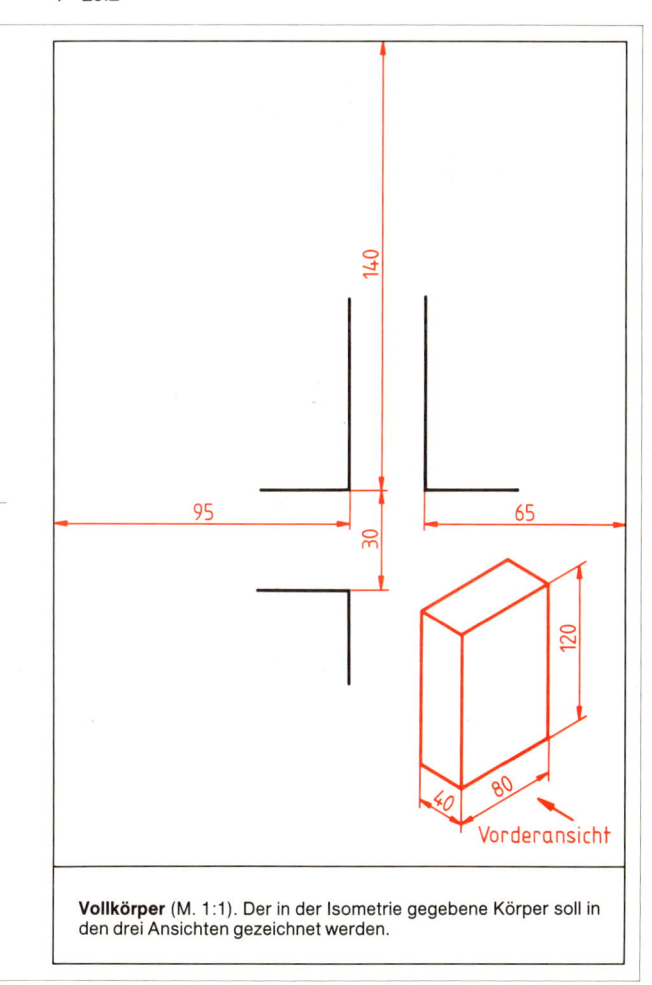

Vollkörper (M. 1:1). Der in der Isometrie gegebene Körper soll in den drei Ansichten gezeichnet werden.

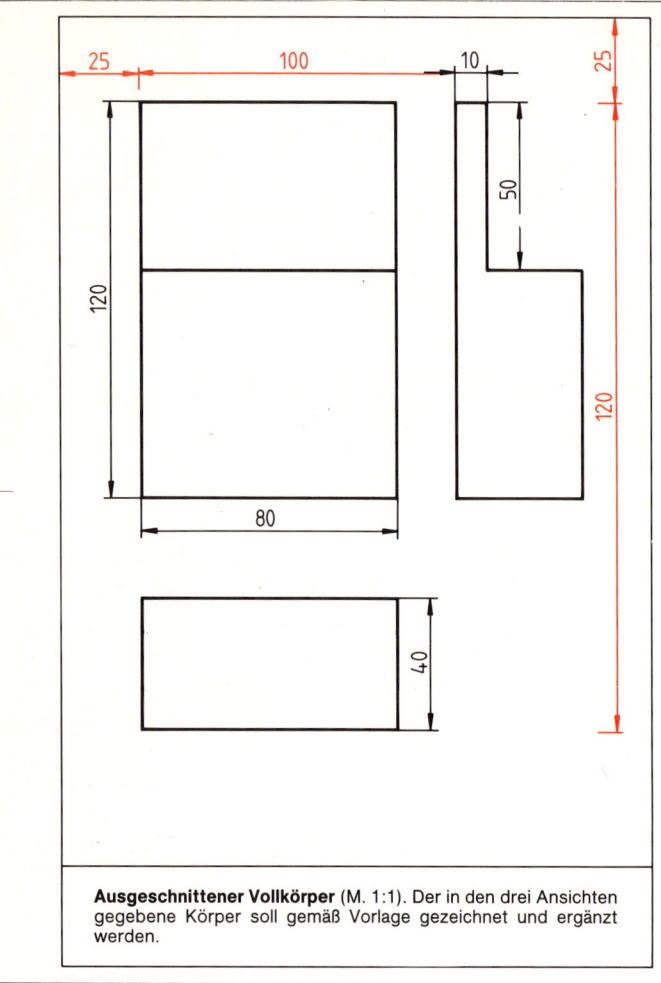

3.3 Modellaufnahmen eckiger Körper

Zeichnung 24.1: Darstellung in drei Ansichten
Aus dem ursprünglichen Vollkörper wurde durch einen senkrechten und durch einen waagerechten Schnitt ein Teil herausgetrennt. Die Seitenansicht veranschaulicht den Schnittverlauf.
In der Vorderansicht wird die gemeinsame Kante der beiden Schnittflächen durch eine sichtbare waagerechte Strecke gekennzeichnet. Diese stellt die waagerechte Schnittfläche, deren vordere und hintere Kanten und die untere Strecke der senkrechten Schnittfläche dar.
In den Draufsicht stellt die waagerechte Strecke die senkrechte Schnittfläche sowie deren obere und untere Begrenzungsstrecke dar. Sie ist auch die gemeinsame Kante der Schnittflächen.

Zeichnung 24.2: Isometrische Darstellung
Anhand von Abb. 24.2 soll systematisch die Vorgehensweise für die isometrische Darstellung des beschriebenen Körpers gezeigt werden. Grundsätzlich muß zuerst der Vollkörper dünn gezeichnet und dann die Schnittstellen eingemessen werden.
- Punkt 1 einmessen.
- Reißschiene an diesem Punkt anlegen, Breite und Tiefe als Strahl mit Dreieck (30°) einzeichnen.
- Die Strecken 80 mm und 40 mm einmessen. Durch Parallelverschiebung erhält man das untere Rechteck.
- Von den jeweiligen Eckpunkten (1 – 2 – 3 – 4) senkrechte Strahlen zeichnen. Strecke 120 mm auf einer Senkrechten abmessen. Durch Anlegen des Winkels bzw. Parallelverschiebung erhält man das obere Rechteck des Vollkörpers.
- Den 10-mm-Abstand abtragen. Am Punkt 5 oder 8 wird der 30°-Winkel angelegt und somit der Schnittansatz gezeichnet. Der senkrechte Schnitt wird durch zwei Senkrechte gekennzeichnet.
Ebenso wird der waagerechte Schnittverlauf festgelegt und dünn vorgezeichnet.
- Die Schnittpunkte der beiden senkrechten und den beiden waagerechten Linien markieren die gemeinsame Kante 10 – 11, die jetzt eingezeichnet werden muß.
- Die sichtbaren Kanten werden jetzt als Vollinie, die verdeckten Kanten als gestrichelte Linien ausgezogen.

Hinweis: Die Nummern können auch in die Zeichnung 24.1 übertragen werden. Eckpunkte, die verdeckt sind, können dabei in Klammern gesetzt werden (z. B. Draufsicht: 7 (3), 6 (2), 8 (11) usw.).

Ausgeschnittener Vollkörper (M. 1:1). Der in den drei Ansichten gegebene Körper soll gemäß Vorlage gezeichnet und ergänzt werden.

▲ 24.1   24.2 ▼

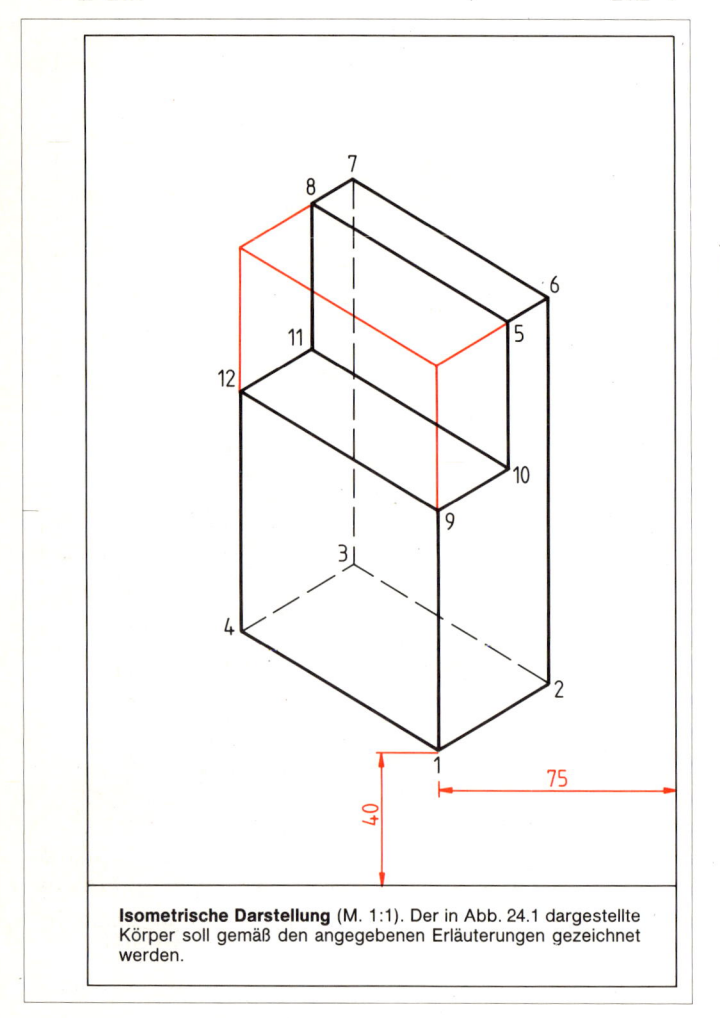

Isometrische Darstellung (M. 1:1). Der in Abb. 24.1 dargestellte Körper soll gemäß den angegebenen Erläuterungen gezeichnet werden.

Aufgaben (Zeichnungen 24.1 und 24.2):
1. Wo und wie erscheint die Schnittfläche 8 – 11 – 10 – 5 in der Draufsicht und in der Seitenansicht?
2. Wo und wie erscheint die Fläche 5 – – 6 – 7 – 8 in der Vorderansicht und in der Draufsicht?
3. Wo und wie erscheint die Fläche 9 – 10 – 11 – 12 in drei Ansichten?
4. Warum erscheint die Strecke 9 – 10 in der Vorderansicht als Punkt, in der Draufsicht und in der Seitenansicht als Strecke?
5. Wo und wie stellt sich die Strecke 1 – 4 in den einzelnen Ansichten dar?
6. In der Vorderansicht stellt sich die Ecke 1 als Punkt dar. Welche Ecke und Kante stellt dieser Punkt noch dar?
7. Warum erscheint die Kante 4 – 3 in der Vorderansicht als Punkt und in der Seitenansicht und Draufsicht als Strecke?
8. Wie wird die Fläche 1 – 2 – 3 – 4 in den drei Ansichten gezeichnet?
9. Welche Strecken und Flächen werden durch die Kante 5 – 8 in der Draufsicht und in der Vorderansicht dargestellt?

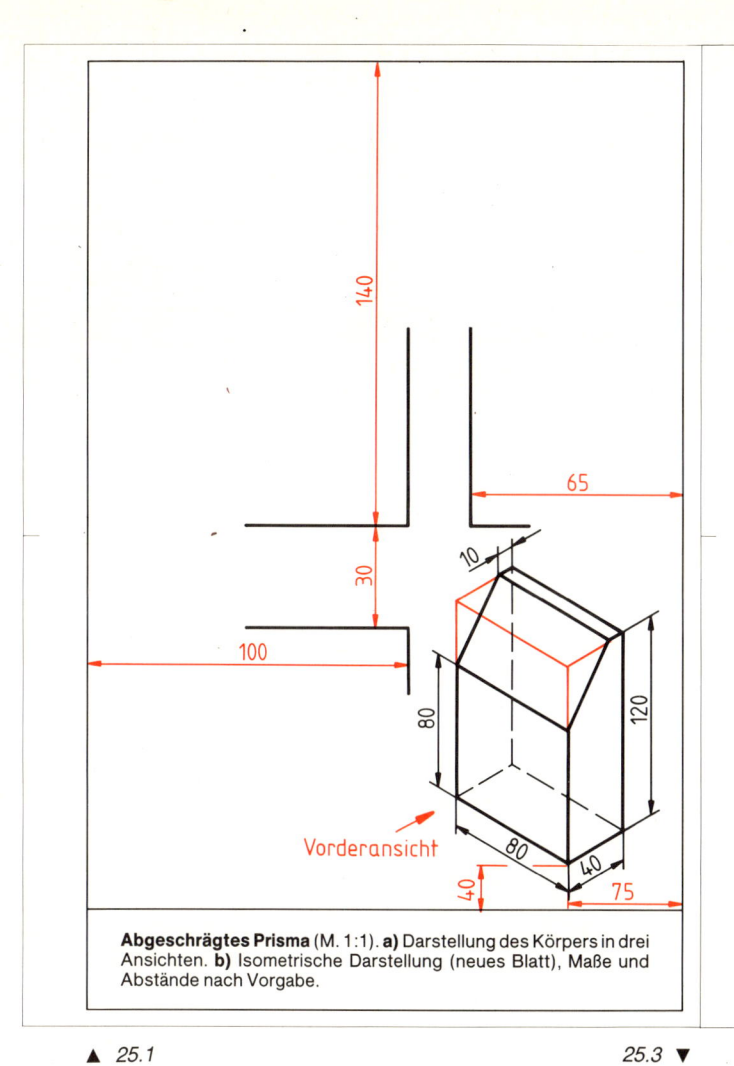

Abgeschrägtes Prisma (M. 1:1). **a)** Darstellung des Körpers in drei Ansichten. **b)** Isometrische Darstellung (neues Blatt), Maße und Abstände nach Vorgabe.

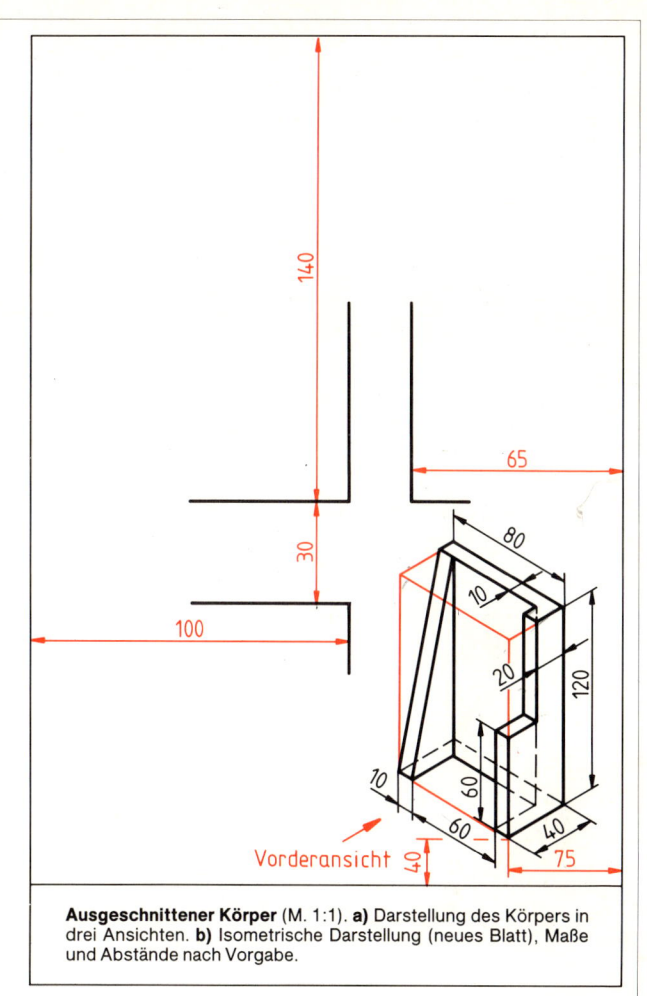

▲ 25.1

Ausgeschnittener Körper (M. 1:1). **a)** Darstellung des Körpers in drei Ansichten. **b)** Isometrische Darstellung (neues Blatt), Maße und Abstände nach Vorgabe.

▲ 25.2

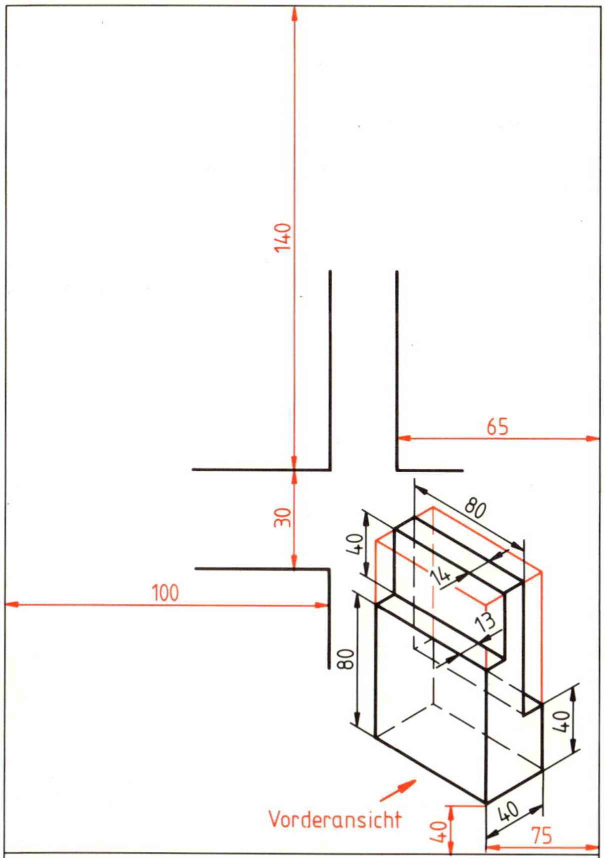

Ausgeschnittener Körper (M. 1:1). **a)** Darstellung des Körpers in drei Ansichten. **b)** Isometrische Darstellung (neues Blatt), Maße und Abstände nach Vorgabe.

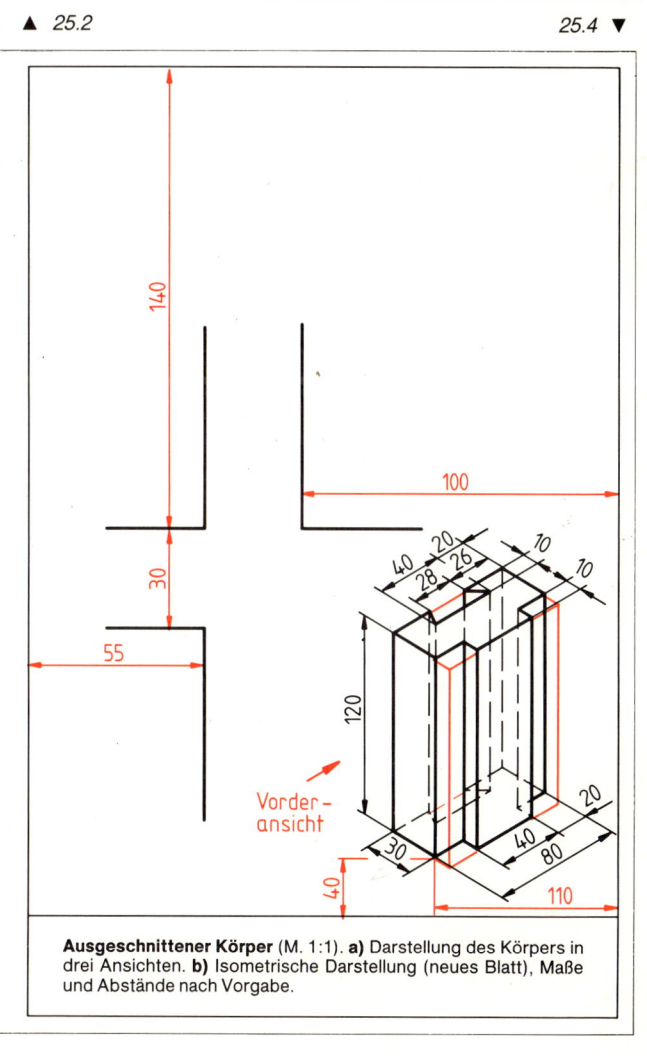

25.3 ▼

Ausgeschnittener Körper (M. 1:1). **a)** Darstellung des Körpers in drei Ansichten. **b)** Isometrische Darstellung (neues Blatt), Maße und Abstände nach Vorgabe.

25.4 ▼

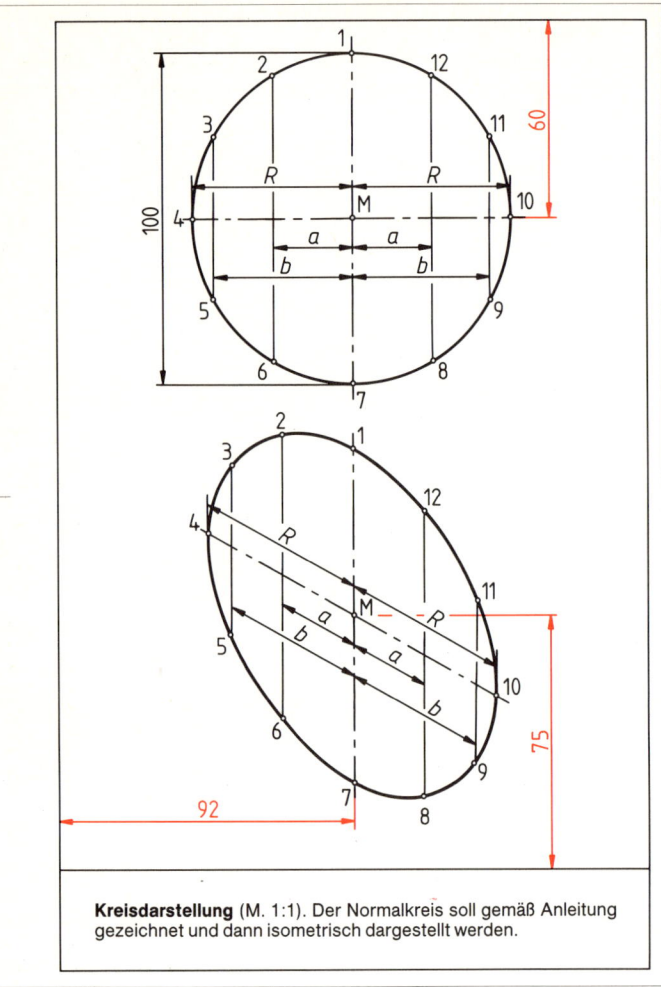

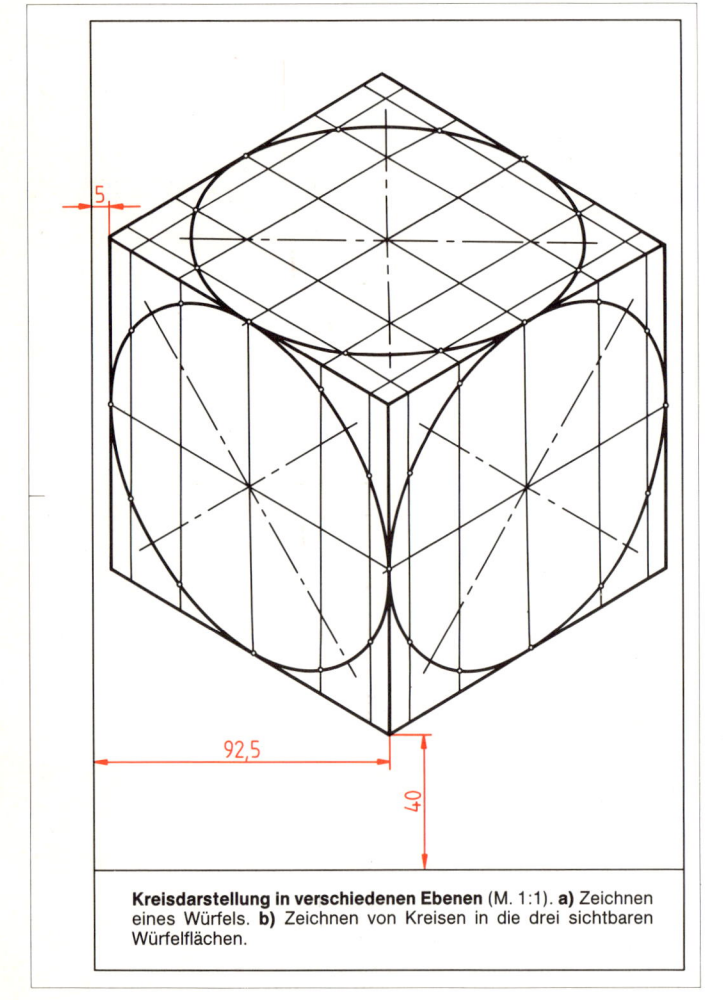

3.4 Kreise und kreisförmige Körper

> Ein isometrisch dargestellter Kreis hat immer die Form einer Ellipse.

Bevor man den Kreis isometrisch zeichnet, muß man ihn in der Normalprojektion darstellen und ihn in gleiche Teile einteilen. Es genügt, wenn man nur einen Viertelkreis zeichnet, da alle zur isometrischen Darstellung erforderlichen Maße hier ersichtlich sind (vgl. Zeichnung 27.1).

Zeichnung 26.1:
Der Normalkreis wird wie folgt gezeichnet:
- Waagerechte und senkrechte Achse aufzeichnen. Die Strecke $R = 50$ mm in den Zirkel nehmen und den Kreis ziehen. Der Schnittpunkt der beiden Achsen ist der Einsatzpunkt des Zirkels.
- Von den vier Schnittpunkten des Kreises mit den beiden Achsen (Punkte 1 – 4 – 7 – 10) Zirkelschlag mit dem Radius $R = 50$ mm in beiden Richtungen. Die sich dadurch ergebenden Punkte werden numeriert. Sie unterteilen den Kreis in zwölf gleiche Teile. Die gegenüberliegenden Punkte werden durch Senkrechte verbunden. Die Abstände dieser Senkrechten auf der Mittelachse werden mit Buchstaben a, b, R gekennzeichnet.

Nun folgt die isometrische Kreisdarstellung:
- Unter einem 30°-Winkel wird die Mittelachse gezeichnet. Darauf werden die Abstände a, b und R vom Mittelpunkt aus jeweils nach links und rechts eingezeichnet.
- Es werden Senkrechte durch diese Punkte gezeichnet und deren Abstände vom Normalkreis (Mittelachse – Kreispunkt) übernommen.
- Die so erhaltenen Punkte werden als Kurve miteinander verbunden. Man erhält somit den isometrisch dargestellten Kreis.

Zeichnung 26.2:
Ein Würfel mit der Kantenlänge 100 mm wird in isometrischer Darstellung wie folgt gezeichnet:
- Der Würfel wird mit der angegebenen Kantenlänge dargestellt.
- Die Mittelachsen werden durch Halbierung der sichtbaren Würfelkanten festgelegt.
- Die Abstände a, b und R aus dem Normalkreis der Zeichnung 26.1 werden auf die Mittelachsen übertragen.
- Bei den senkrechten Flächen werden Senkrechte durch die sich ergebenden Punkte eingezeichnet. Abtragung der Höhenabstände des Normalkreises und Übertragung. Bei der waagerechten Fläche: Einzeichnung der „Senkrechten" unter dem 30°-Winkel. Abtragung und Übertragung.
- Zeichnen der Verbindungslinie der Punkte, die eine Ellipse darstellt. Die Diagonalen der Würfelseiten sind die beiden Achsen der Ellipse.

Die Darstellung von Kreisen – in Normalprojektion und in der isometrischen Darstellung – bildet die Grundlage von zylindrischen Körpern (Voll- und Hohlkörper).

Zeichnung 27.1:
Der stehende Halbzylinder wird in isometrischer Darstellung gekennzeichnet:
- Viertelkreis, dessen Einteilung und die sich dadurch ergebenden Senkrechten R, h_1 und h_2 zeichnen.
- Punkt M ermitteln, 30°-Winkel anlegen. Schräge zeichnen, Abstände a, b und R darauf eintragen.

▲ 26.1

Kreisdarstellung (M. 1:1). Der Normalkreis soll gemäß Anleitung gezeichnet und dann isometrisch dargestellt werden.

26.2 ▼

Kreisdarstellung in verschiedenen Ebenen (M. 1:1). **a)** Zeichnen eines Würfels. **b)** Zeichnen von Kreisen in die drei sichtbaren Würfelflächen.

- 30°-Winkel bei M anlegen, entgegengesetzte Schräge zeichnen, vier weitere Schrägen durch Parallelverschiebung zeichnen. Die Höhenabstände R, h_1 und h_2 übertragen.
- Die hinteren Senkrechten und die waagerechte Kante zeichnen. Durch Fällen der Lote werden die Abstände a, b und R unten auf der hinteren Kante ermittelt. Jeweils 30°-Winkel anlegen und die Strecken R, h_1, h_2 abtragen.
- Durch Verbindung der sich ergebenden Punkte entsteht die gewünschte Halbellipse.

3.5 Modellaufnahmen runder Körper

Auch bei folgenden kreisförmigen Körpern sollen neben der isometrischen Darstellung der Vorder-, Drauf- und Seitenansicht gezeichnet werden.

Zeichnung 27.2: Normalprojektion
Ein Halbzylinder erscheint in der Vorderansicht und Seitenansicht als Rechteckfläche und in der Draufsicht als Halbkreis. Die Breite der Vorderansicht ist der Durchmesser und die Breite der Seitenansicht ist der Radius. Zur Darstellung der Vorderansicht benötigt man zuerst die Draufsicht. Die senkrechte verdeckte Schnittfläche ist hier die gestrichelte Linie, deren Abstand 20 mm von der vorderen Kante beträgt. Die Schnittpunkte der gestrichelten Linie mit dem Halbkreis ergeben die waagerechte Strecke des Ausschnitts in der Vorderansicht. Durch Übertragung von der Seitenansicht und der Draufsicht in die Vorderansicht wird diese ergänzt.

Zeichnung 27.3: Isometrische Darstellung
- Der Halbzylinder wird wie in 27.1 gezeichnet.
- Untere Abschnittkante durch Parallelverschiebung der hinteren Kante im Abstand 20 mm ermitteln.
- Senkrechte an den beiden Schnittpunkten (Kreislinie – Schnitt – Kante) errichten, 60 mm einmessen. Durch Verbindung der beiden Punkte erhält man die hintere Kante und durch Verbinden der beiden Kanten die Schnittfläche.
- Um die waagerechte Schnittfläche zu ermitteln, geht man von der ursprünglichen Halbkreisfläche aus.
  Auf den Punkten 1, 2 und 2′ errichtet man 60 mm lange Senkrechte. Die Verbindung dieser Punkte ergibt eine Kurve, die zusammen mit der Schnittkante den waagerechten Schnitt ergibt.
- Ausziehen der sichtbaren und verdeckten Kanten.

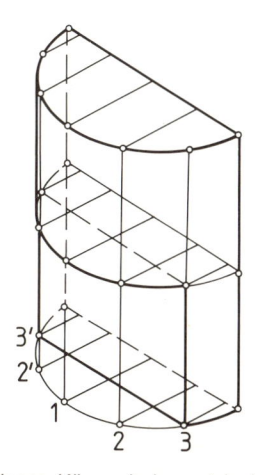

27.3 Zeichnen Sie diesen Körper in isometrischer Darstellung auf ein Blatt im Format A4. Blatteinteilung entsprechend Abb. 27.1

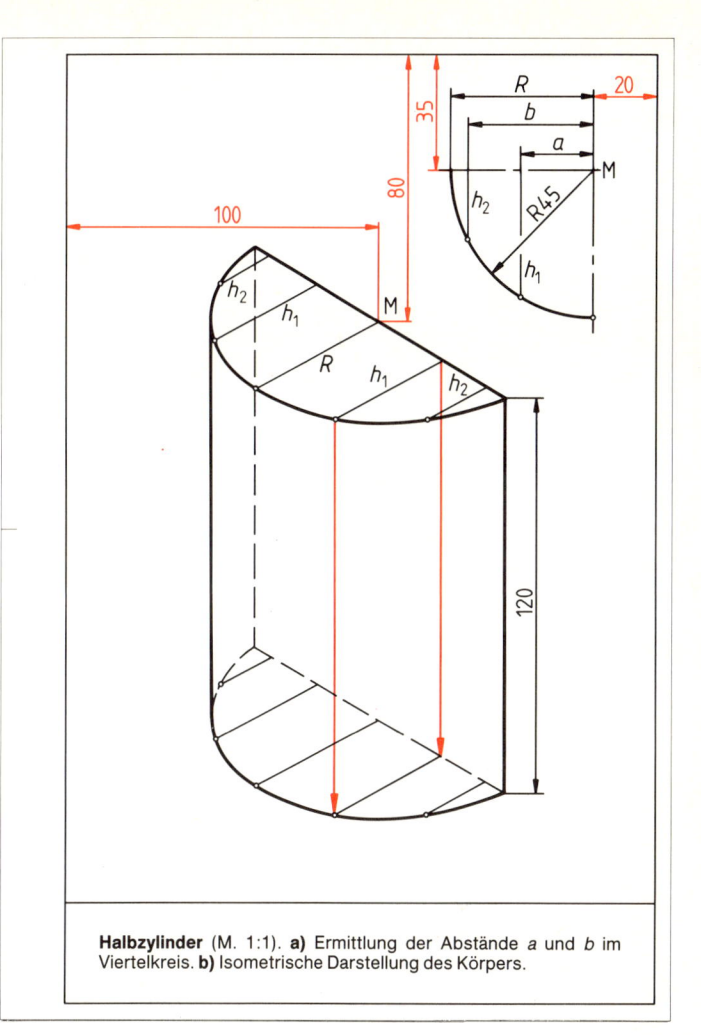

Halbzylinder (M. 1:1). **a)** Ermittlung der Abstände a und b im Viertelkreis. **b)** Isometrische Darstellung des Körpers.

▲ 27.1 27.2 ▼

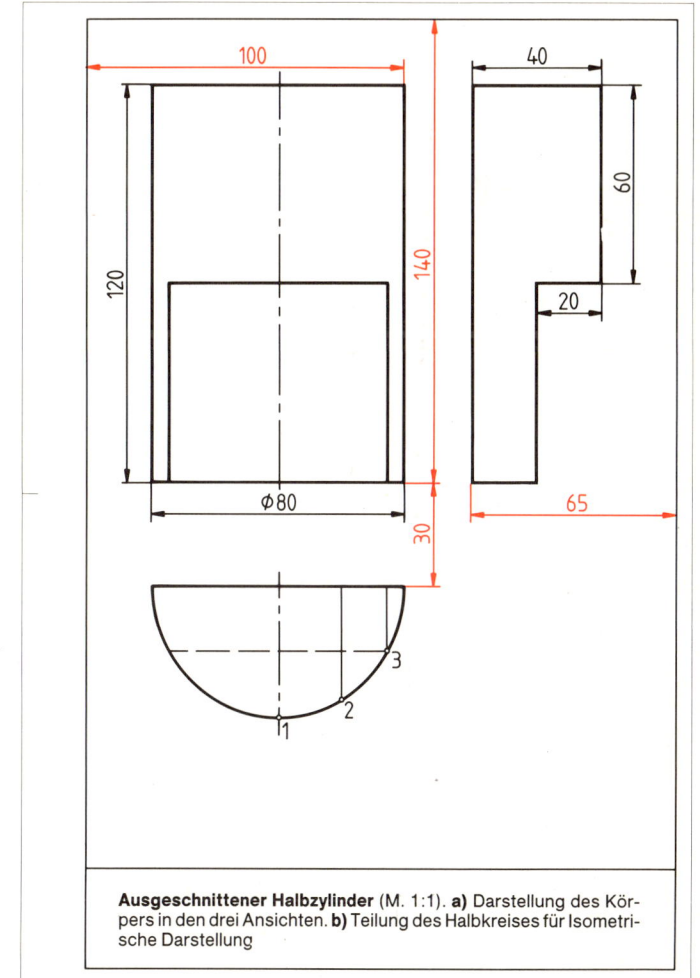

Ausgeschnittener Halbzylinder (M. 1:1). **a)** Darstellung des Körpers in den drei Ansichten. **b)** Teilung des Halbkreises für Isometrische Darstellung

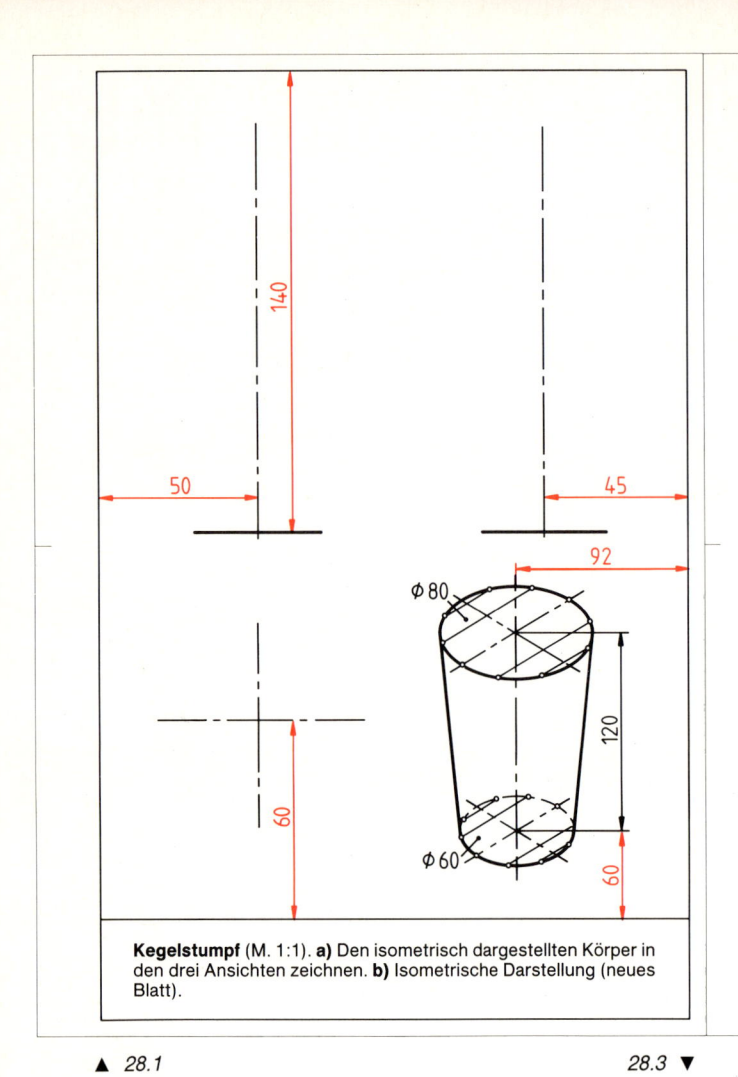

Kegelstumpf (M. 1:1). **a)** Den isometrisch dargestellten Körper in den drei Ansichten zeichnen. **b)** Isometrische Darstellung (neues Blatt).

▲ 28.1

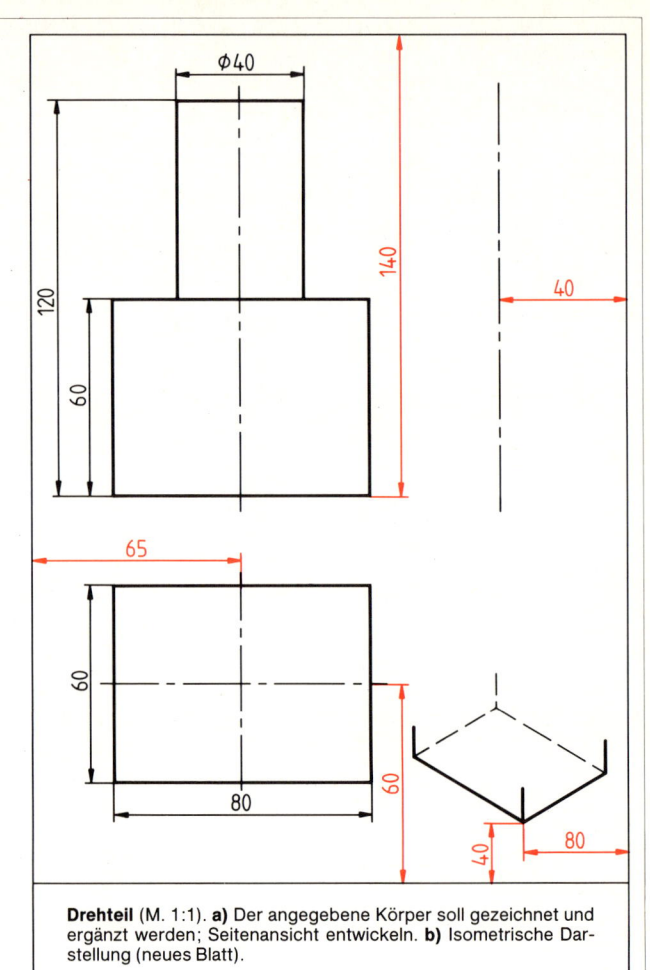

Drehteil (M. 1:1). **a)** Der angegebene Körper soll gezeichnet und ergänzt werden; Seitenansicht entwickeln. **b)** Isometrische Darstellung (neues Blatt).

▲ 28.2 [A]

28.3 ▼

Vorderansicht   Seitenansicht

Draufsicht

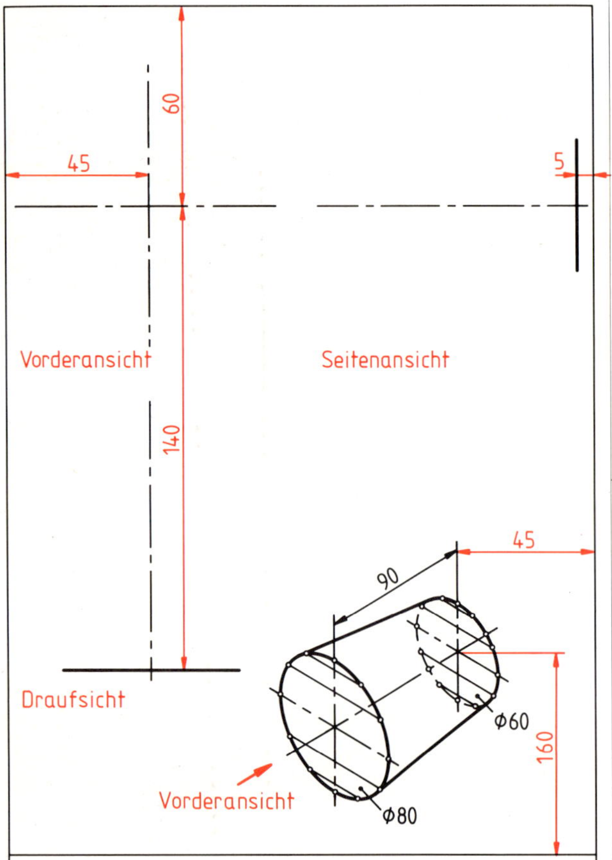

Kegelstumpf (M. 1:1). **a)** Den isometrisch dargestellten Körper in den drei Ansichten zeichnen. **b)** Isometrische Darstellung (neues Blatt).

[A] 28.4 ▼

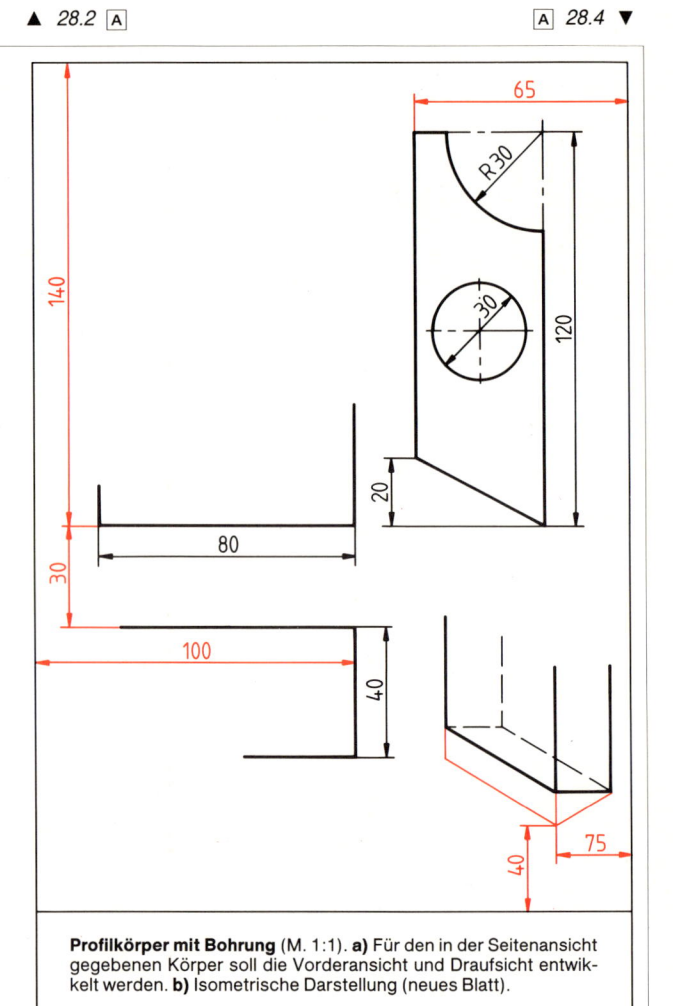

Profilkörper mit Bohrung (M. 1:1). **a)** Für den in der Seitenansicht gegebenen Körper soll die Vorderansicht und Draufsicht entwickelt werden. **b)** Isometrische Darstellung (neues Blatt).

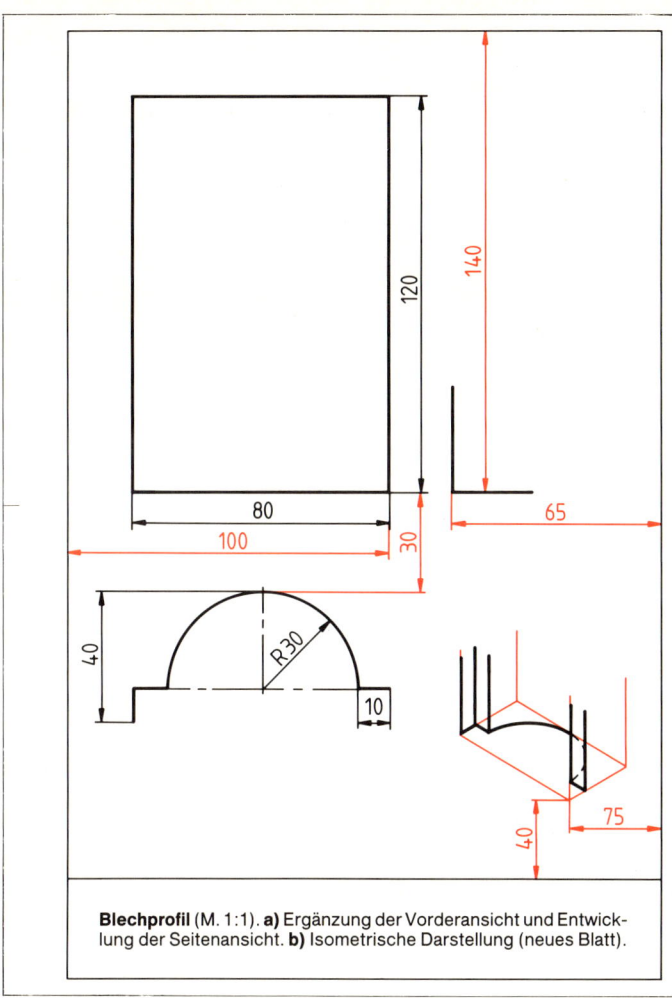

Blechprofil (M. 1:1). **a)** Ergänzung der Vorderansicht und Entwicklung der Seitenansicht. **b)** Isometrische Darstellung (neues Blatt).

29.1

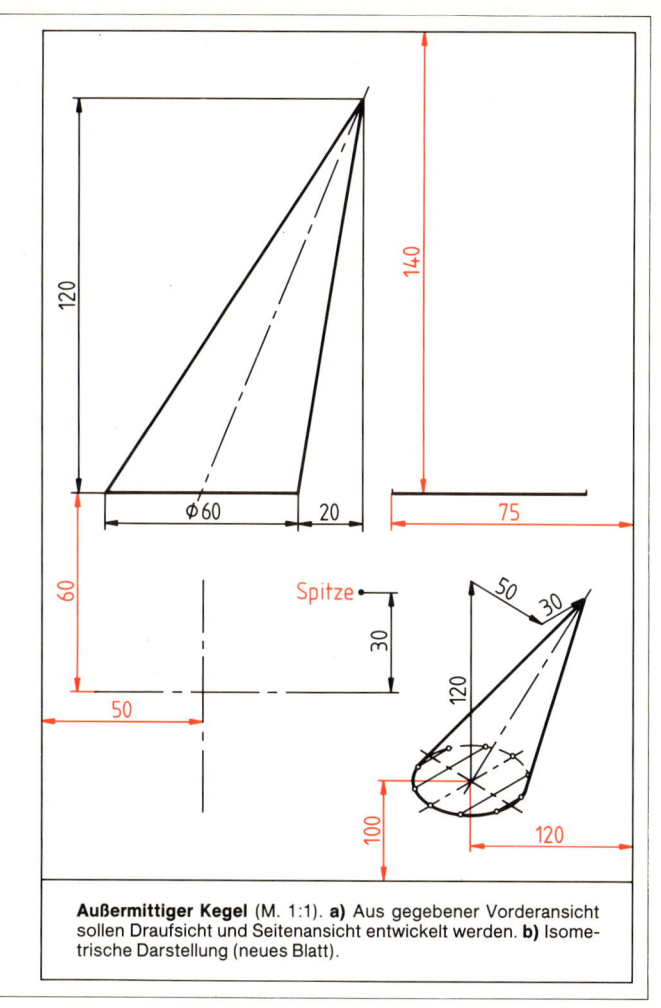

Außermittiger Kegel (M. 1:1). **a)** Aus gegebener Vorderansicht sollen Draufsicht und Seitenansicht entwickelt werden. **b)** Isometrische Darstellung (neues Blatt).

29.2

29.3

29.4

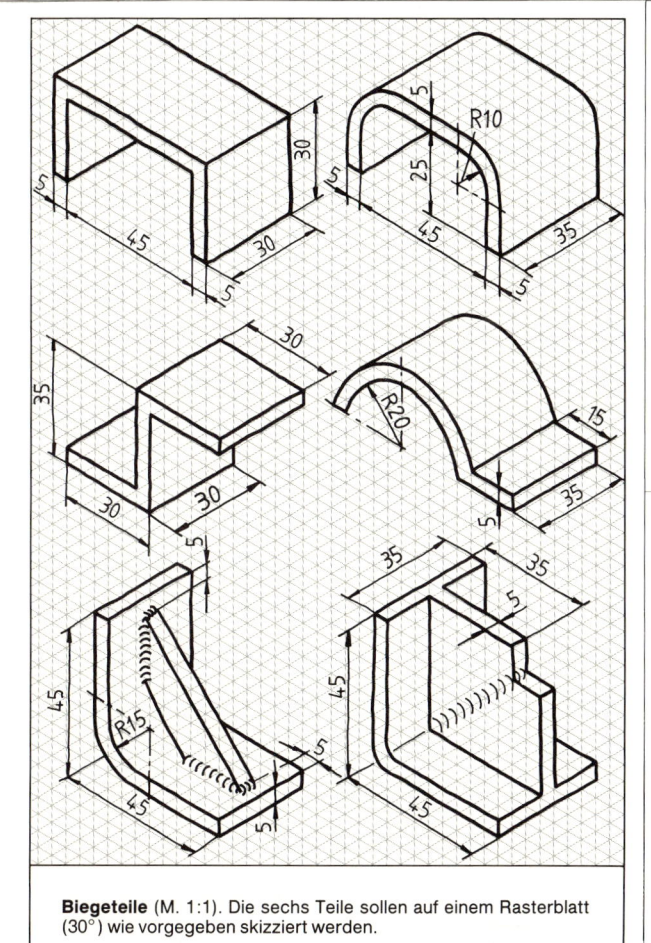

Biegeteile (M. 1:1). Die sechs Teile sollen auf einem Rasterblatt (30°) wie vorgegeben skizziert werden.

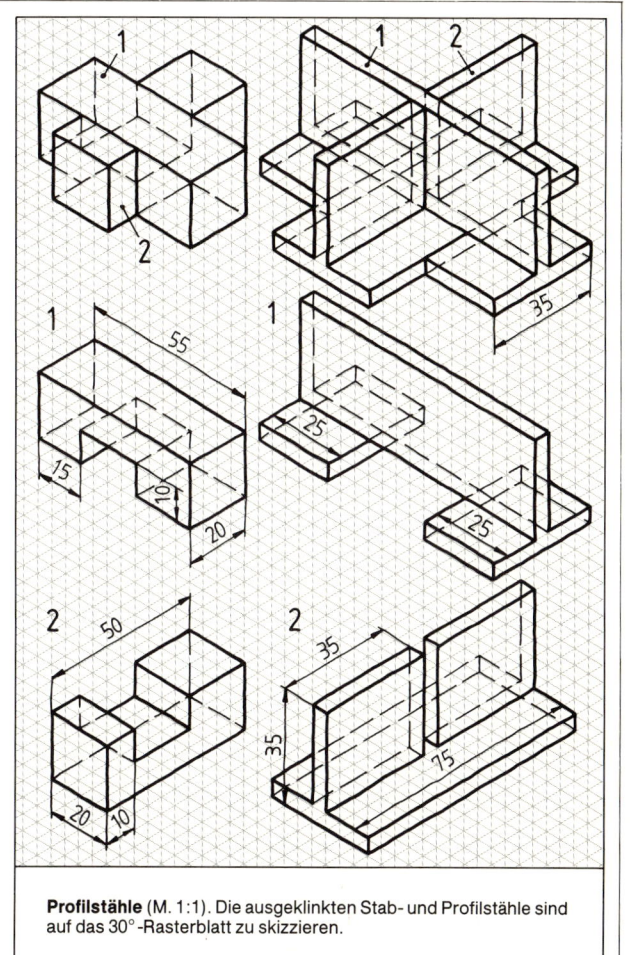

Profilstähle (M. 1:1). Die ausgeklinkten Stab- und Profilstähle sind auf das 30°-Rasterblatt zu skizzieren.

Aufgaben:
1. Zu welchen Ansichten (A, B, C, D) gehören die dargestellten Projektionen 1 bis 5?

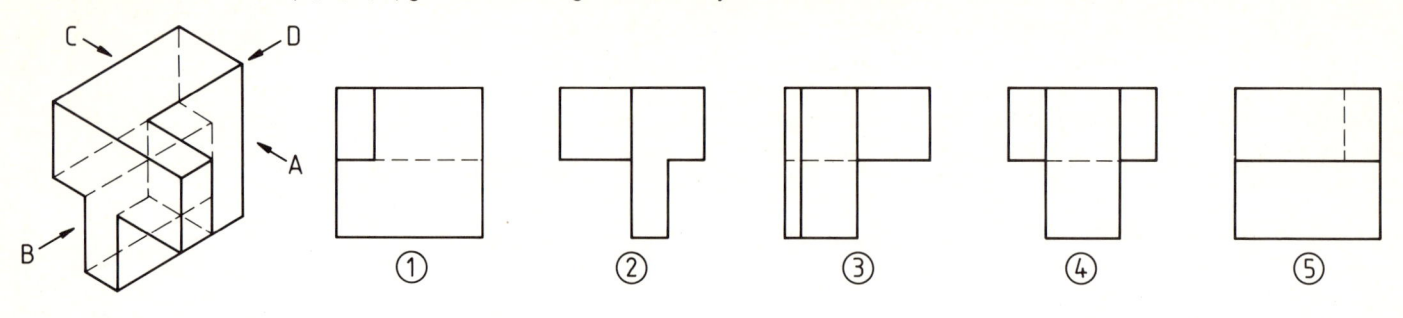

2. Welche Variante zeigt die Draufsicht des Körpers richtig? Begründen Sie, weshalb die übrigen Ansichten nicht in Betracht kommen!

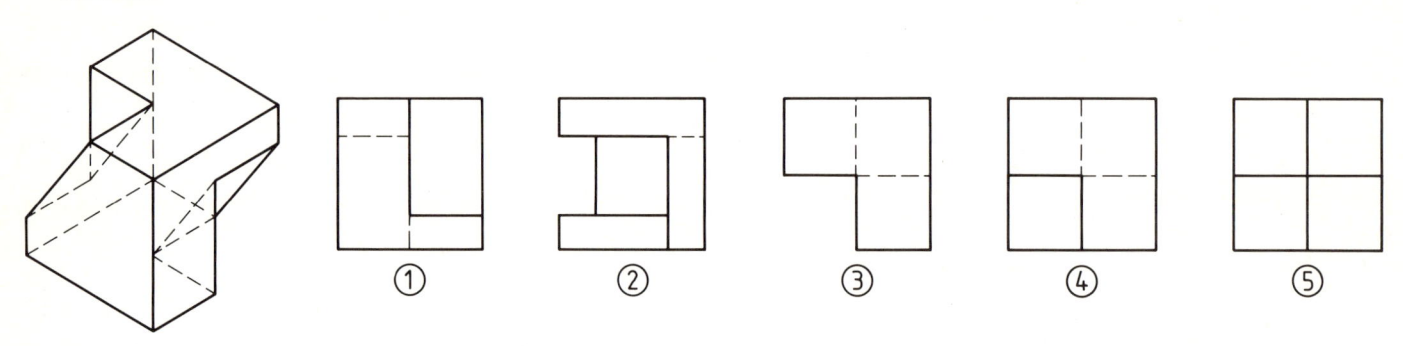

3. Bestimmen Sie die richtige Seitenansicht zur gegebenen Vorderansicht. Begründen Sie, weshalb die übrigen Ansichten nicht in Betracht kommen!

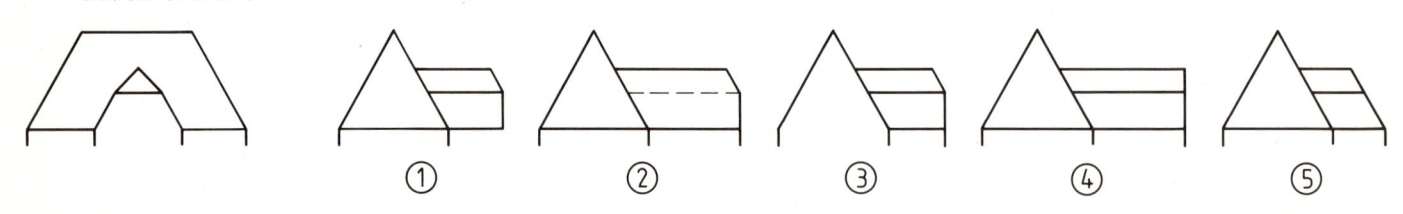

4. Gegeben ist die isometrische Darstellung. Welche Vorder-, Drauf- und Seitenansichten passen zum jeweiligen Körper?

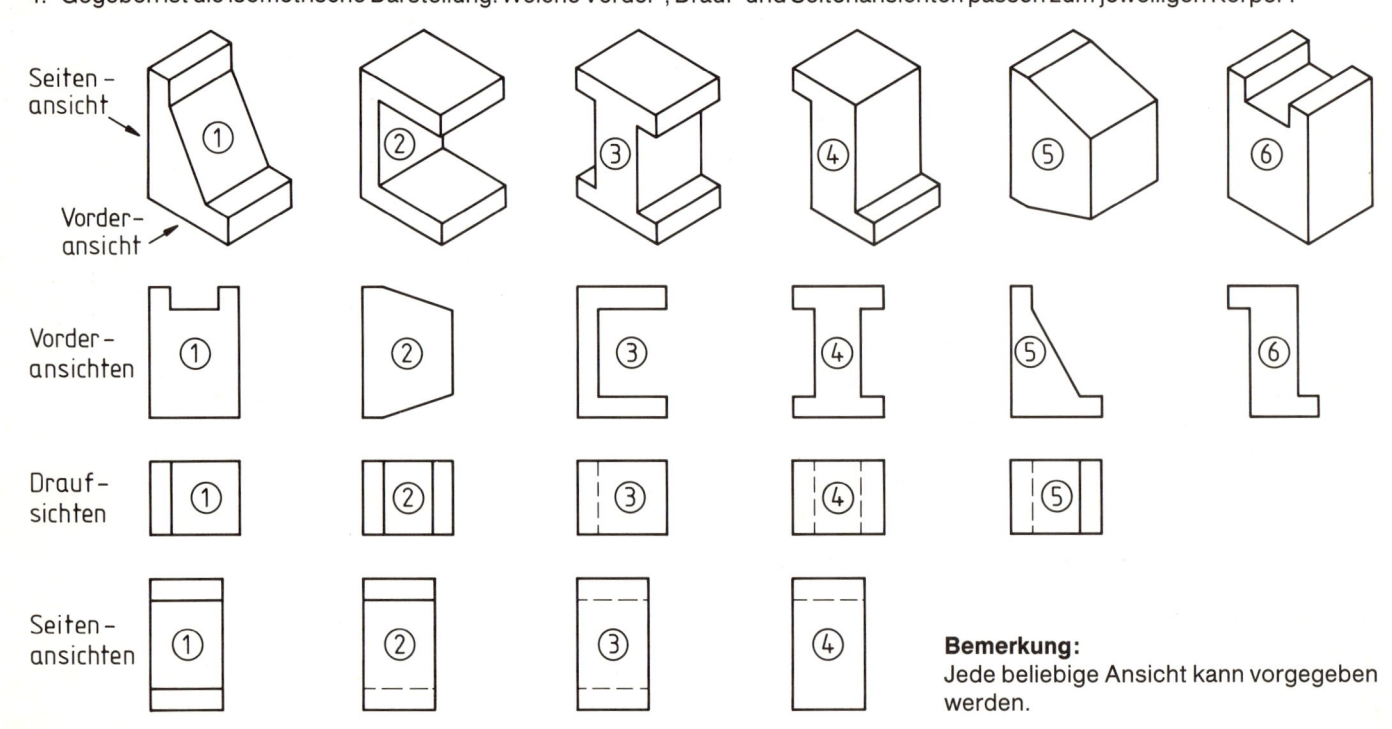

Bemerkung:
Jede beliebige Ansicht kann vorgegeben werden.

3.6 Schnittdarstellungen

Ein Werkstück in den drei Ansichten zeichnen, bedeutet, drei Oberflächen zu zeichnen. Wie das Werkstück im Inneren aussieht, kann man durch gestrichelte Linien darstellen. Dies ist jedoch dann unvollkommen, wenn z. B. eine für das Verständnis wichtige „unsichtbare" Kante nicht dargestellt werden kann, da sie durch eine Vollinie verdeckt ist. Sind viele verdeckte Kanten gegeben, so schmälern diese das räumliche Vorstellungsvermögen.

Vollschnitt
Wenn man aus den Ansichten die Form eines Werkstückes nur schwer oder überhaupt nicht erkennen kann, zeichnet man das Werkstück so, als ob es in den von der Konstruktion her entscheidenden Stelle geschnitten wäre. Man stellt demnach nicht die Ansichtsflächen, sondern die Schnittflächen des Körpers dar.

> Ein Schnitt zeigt, was sich in der gedachten Schnittebene und dahinter befindet.

Um die Schnittfläche eindeutig zu erkennen, legt man Schnittlinien fest, an denen der Schnitt durchgeführt wird.
Die Schnittlinie A – A in Abb. 31.1 besagt, daß der Körper in dieser Linie parallel zu der Vorderansicht in zwei Teile geschnitten wird. Die Pfeilrichtung besagt, daß der Betrachter nur die Fläche sieht, die in Blickrichtung der Pfeile liegt. Der vor der Schnittebene liegende Teil des geschnittenen Körpers bleibt unberücksichtigt.
Bei symmetrischen Körpern erübrigt sich die Angabe der Schnittlinie, da sie aus der Zeichnung klar erkennbar ist. (In diesem Beispiel wurde sie nur zur Erklärung des Zusammenhangs eingeführt.)

> Es wird immer nur die Schnittfläche gezeichnet, die in Blickrichtung der Pfeile liegt. Die Schnittlinien erhalten Buchstaben, wenn in der Zeichnung mehrere solcher Linien vorhanden sind.

Im Körper nach Abb. 31.1 wurden folgende drei Schnitte vorgenommen:
Schnitt A–A: senkrechter, paralleler zur Vorderansicht verlaufender Schnitt.
Schnitt B–B: senkrechter, paralleler zur Seitenansicht verlaufender Schnitt.
Schnitt C–C: waagerechter, paralleler zur Draufsicht verlaufender Schnitt.

Allgemeine Hinweise zur Schnittdarstellung
1. Geschnittene Flächen werden schraffiert gekennzeichnet, und zwar mit schmalen Vollinien unter dem Winkel von 45°.
2. Schraffuren benachbarter Teile werden in unterschiedlicher Richtung (Abb. 33.1) oder unterschiedlichem Abstand gezeichnet.
Der Abstand der Schraffurlinien ist der Größe der Schnittfläche anzupassen.
3. Sehr große Schnittflächen müssen nur am Rand schraffiert werden. Sehr schmale Schnittflächen (z. B. Bleche) können voll geschwärzt werden.
4. Befinden sich in der Schnittfläche Maßzahlen oder andere Eintragungen, so ist dort die Schraffur zu unterbrechen.
5. Auch wenn mehrere Schnittebenen vorhanden sind (Zeichnung 31.2), wird eine einheitliche Schraffur gewählt.

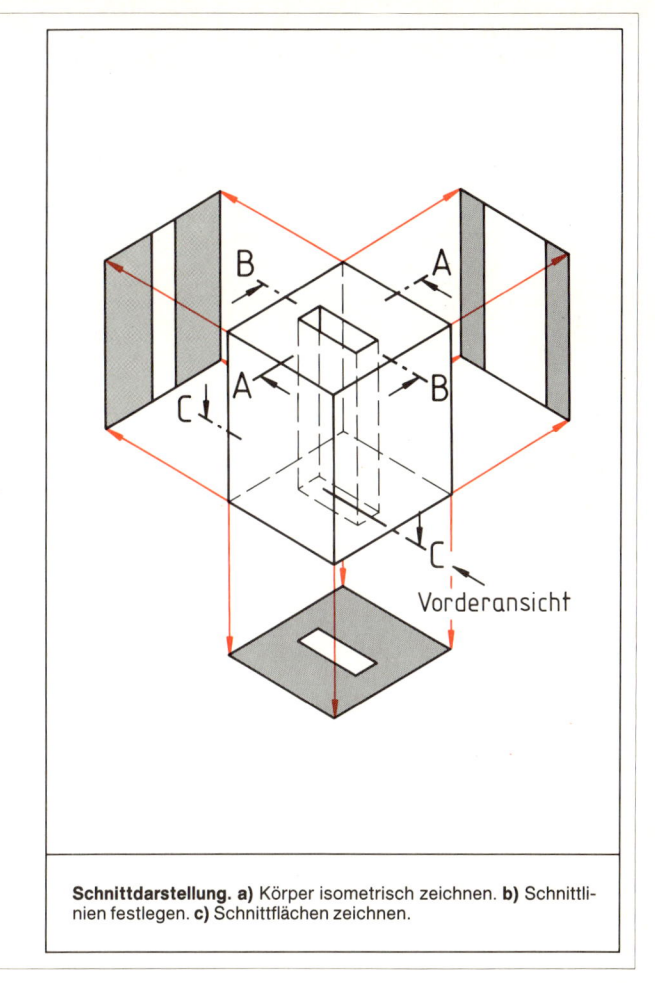

Schnittdarstellung. a) Körper isometrisch zeichnen. **b)** Schnittlinien festlegen. **c)** Schnittflächen zeichnen.

▲ 31.1

31.2 ▼

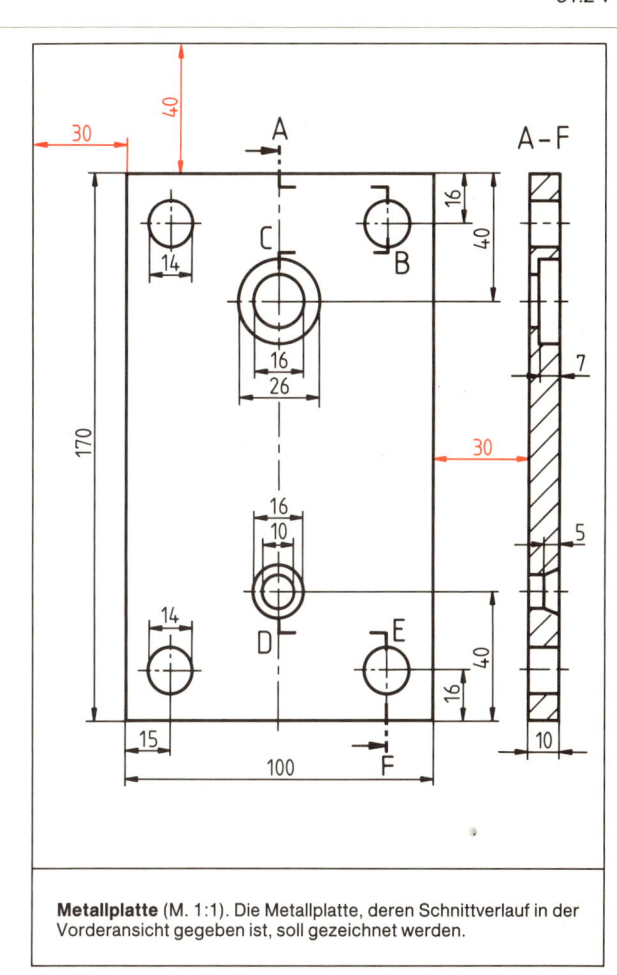

Metallplatte (M. 1:1). Die Metallplatte, deren Schnittverlauf in der Vorderansicht gegeben ist, soll gezeichnet werden.

31

32.1

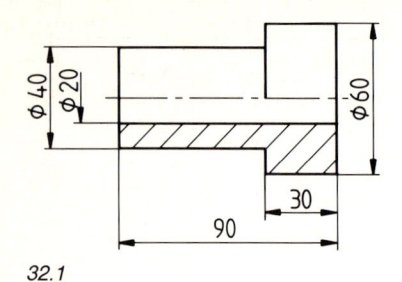

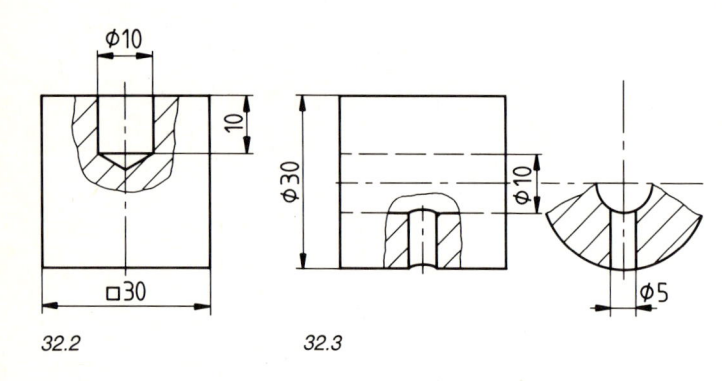

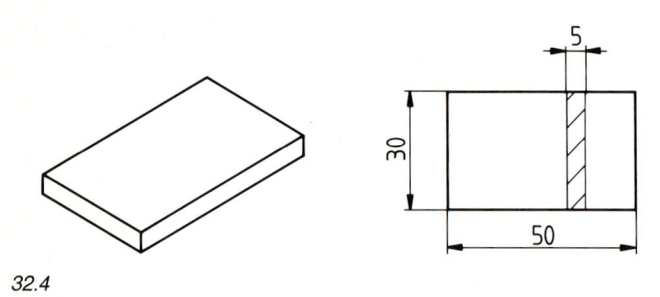

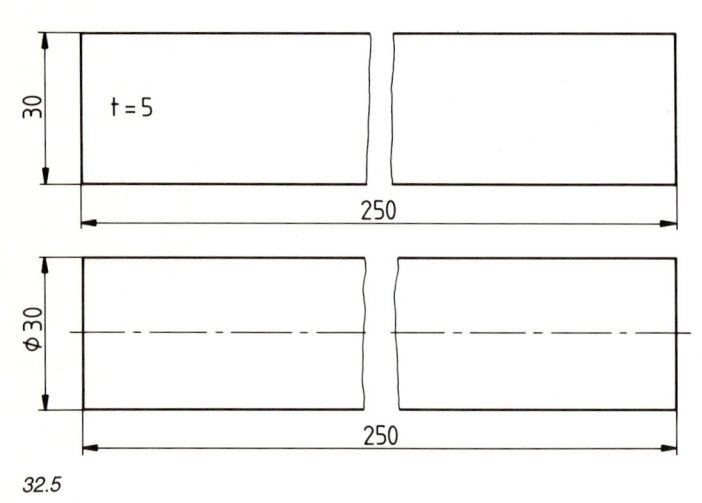

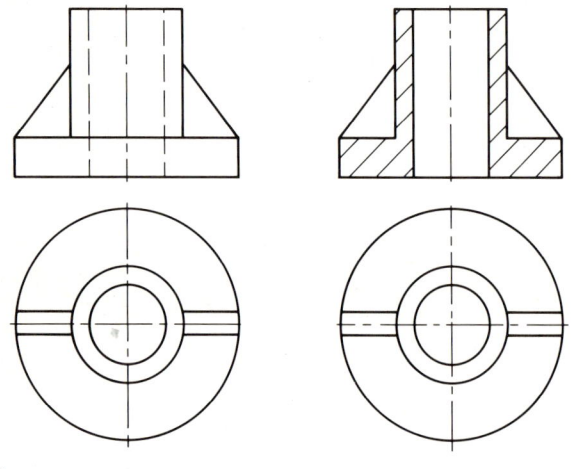

32.2

32.3

32.4

32.5

32.6

6. Sind mehrere Schnittebenen erforderlich, so werden sie durch Buchstaben in alphabetischer Reihenfolge gekennzeichnet (Zeichnung 31.2 A bis F). Sie sind am Anfang, an evtl. Knickstellen und am Ende anzuordnen.
7. Schnittlinien werden am Anfang, am Ende und an den Knickstellen als breite Strichpunktlinien dargestellt.

Schnittverlauf auf unterschiedlichen Ebenen
Sollen mit der Schnittfläche eines Körpers mehrere Teile oder Einzelheiten dargestellt werden, so muß der Schnitt oft auf mehreren Ebenen erfolgen. Der Verlauf wird in der Ansicht angegeben. Die vorstehenden Hinweise 5, 6 und 7 sind hier zu beachten (Zeichnung 31.2).

Halbschnitt
Bei symmetrischen Körpern, die innen und außen bearbeitet werden, kann man – wie bei dem Hohlkörper nach Abb. 32.1 dargestellt – die eine Hälfte als Ansicht und die andere Hälfte als Schnitt zeichnen.

Weitere Hinweise:
● Zur besseren Veranschaulichung der Außenfläche werden im ungeschnittenen Teil keine unsichtbaren Kanten eingezeichnet.
● Die Bemaßung des inneren Durchmessers erfolgt mit einer abgebrochenen Maßlinie, die nur eine Pfeilbegrenzung hat.
● Halbschnitte werden vorzugsweise unterhalb der waagerechten bzw. rechts der senkrechten Mittellinie angeordnet.

Teilschnitt
Abb. 32.2 zeigt einen Würfel, der auf einer Seite eine 10 mm tiefe Bohrung hat. Soll hier nur der Bereich der Bohrung dargestellt werden, so reicht es, daß nur in diesem ein senkrechter Schnitt durchgeführt wird. Dieser Bereich wird dann durch eine dünne Freihandlinie begrenzt; der sich dadurch ergebende Schnittbereich wird schraffiert.
Abb. 32.3 zeigt den Teilabschnitt eines zylindrischen Hohlkörpers, der durchbohrt ist. Die Seitenansicht kann im Bereich der Durchbohrung als Teilausschnitt gezeichnet werden.

Profilschnitt
Abb. 32.4 stellt einen 50 mm langen Flachstahl dar. Er ist 30 mm breit und 5 mm dick. Bei dieser Darstellung wird der Querschnitt in die Vorderansicht gedreht und als Schnittfläche gezeichnet.

Verkürzte Darstellung
Lange Werkstücke, dere Querschnitte sich nicht ändern, stellt man aus Platzgründen verkürzt dar. Die Bruchkanten werden als schmale Freihandlinien gezeichnet. Dies gilt auch für runde Körper (Abb. 32.5). Das Maß bezieht sich auf die tatsächliche Länge, die Maßlinie wird nicht unterbrochen.

Schnittflächen, die man nicht geschnitten zeichnet
Die Abbildung 32.6 zeigt ein und dieselbe Buchse mit Verstärkungsrippen in zwei unterschiedlichen Darstellungsarten.
Links wird die Buchse in Vorderansicht und Draufsicht dargestellt. Um den hohlen Körper (Hohlzylinder) und die Wanddicke deutlicher hervorzuheben, ist es jedoch zweckmäßig, den Aufriß im Schnitt darzustellen. Dabei wird die Buchse in der Schnittebene senkrecht von oben nach unten geschnitten und die hintere Hälfte wird gezeichnet. Da auch der Steg geschnitten wird, müßte dieser geschnitten dargestellt werden. Dies erweckt aber den Eindruck, als ob der Steg voll um die Buchse herumlaufen würde. Um diesen Eindruck zu vermeiden, wird nur die Buchse schraffiert. Die Rippen werden nur in der Ansicht gezeichnet, obwohl sie geschnitten wurden.
Abb. 33.1 zeigt die Vorderansicht zweier Flachstähle in Schnittdarstellung, die durch eine Schraube bzw. durch einen Niet miteinander verbunden sind.

Der Schnitt erfolgte in der Mitte der Schraube bzw. Niet und müßte daher schraffiert werden. Damit sich Schraube und Niet vom geschnittenen Flachstahl abheben, werden sie ungeschnitten gezeichnet.

> **Schrauben, Niete, Stifte usw. werden in Längsrichtung ungeschnitten dargestellt.**

Damit sich die beiden Flachstähle voneinander abheben, werden sie in unterschiedliche Richtungen schraffiert.

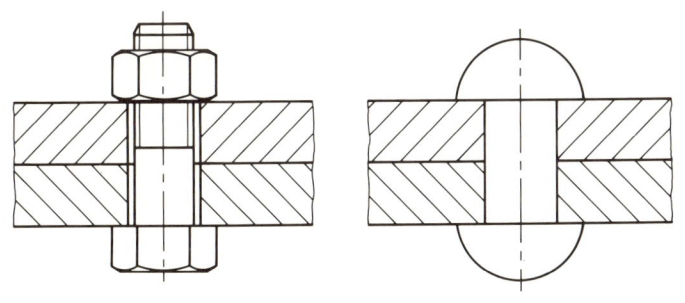

33.1 Darstellung von Schraube und Niet im Schnitt

Zeichnung 33.2:
Da in dieser Zeichnung der Schnittverlauf einwandfrei erkennbar ist, muß die Schnittlinie nicht angegeben werden.
Bei der isometrischen Darstellung zeichnet man zunächst den Vollkörper als Quader.

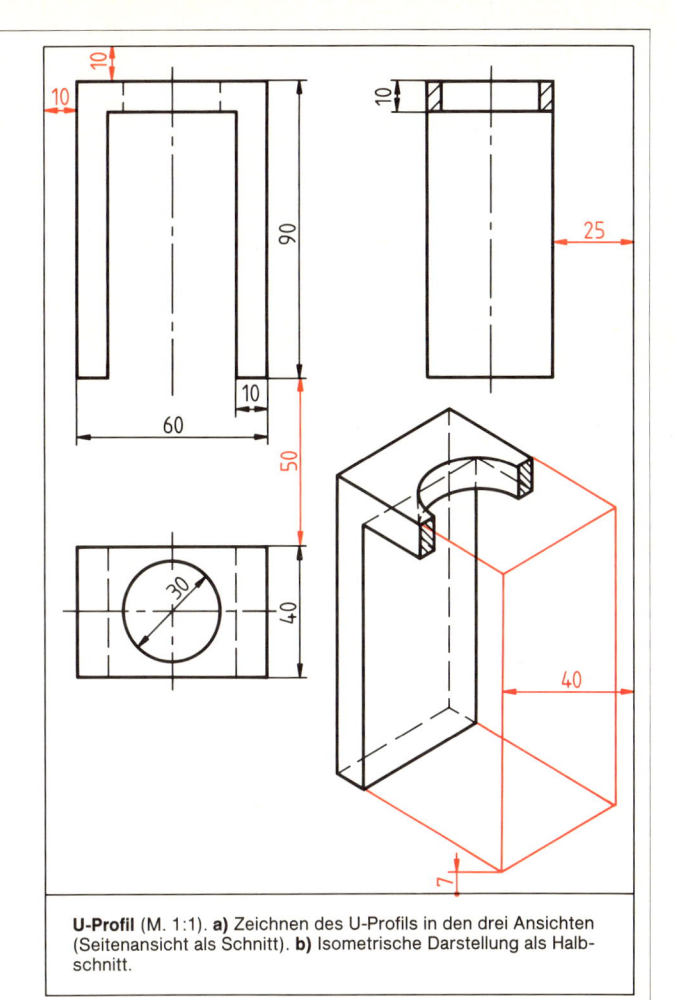

▼ 33.3

U-Profil (M. 1:1). **a)** Zeichnen des U-Profils in den drei Ansichten (Seitenansicht als Schnitt). **b)** Isometrische Darstellung als Halbschnitt.

▲ 33.2   33.4 ▼

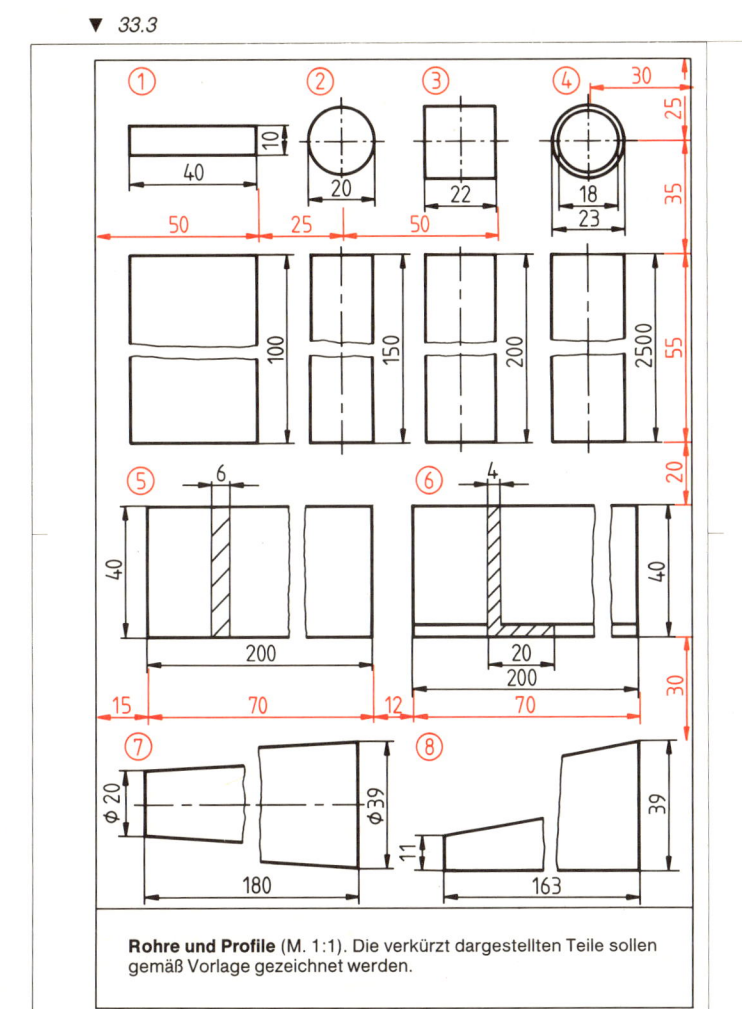

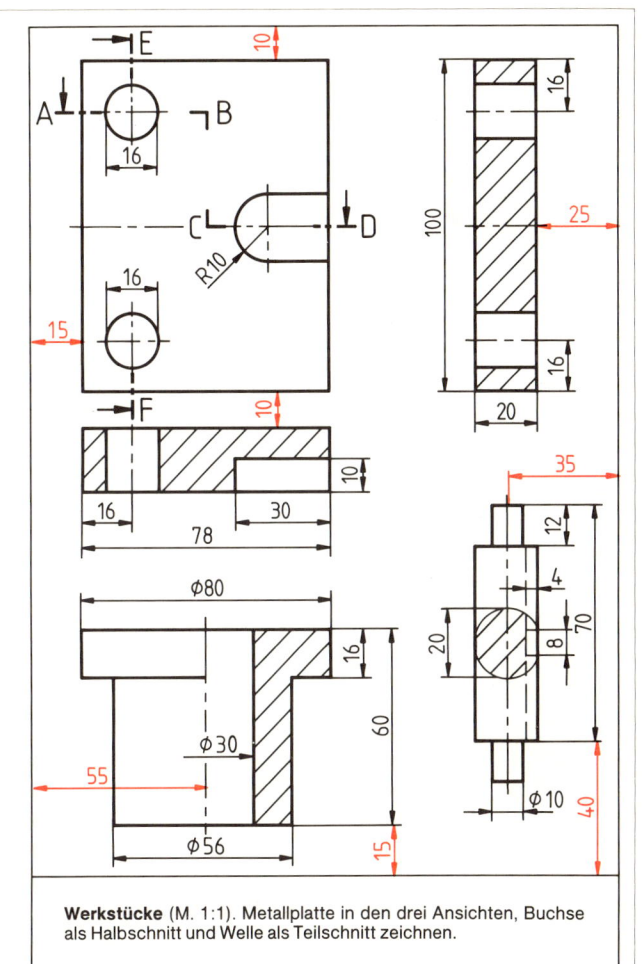

Rohre und Profile (M. 1:1). Die verkürzt dargestellten Teile sollen gemäß Vorlage gezeichnet werden.

Werkstücke (M. 1:1). Metallplatte in den drei Ansichten, Buchse als Halbschnitt und Welle als Teilschnitt zeichnen.

Aufgaben:

1. a) Welche Draufsichten passen zur gegebenen Hauptansicht?   b) Zeichnen Sie die zur Draufsicht passende Seitenansicht!

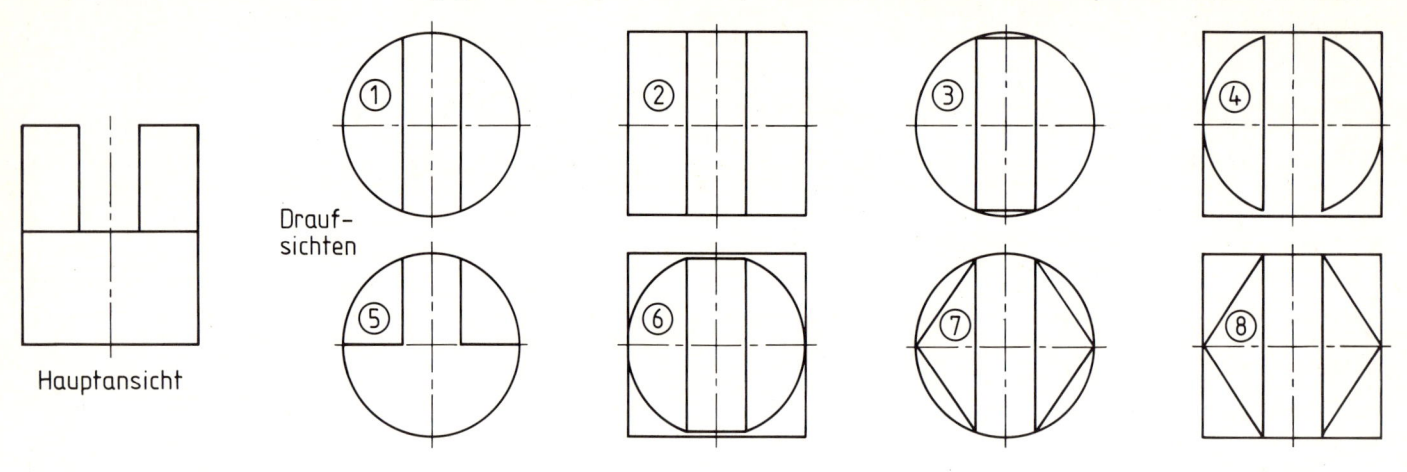

Hauptansicht

Draufsichten: ① ② ③ ④ ⑤ ⑥ ⑦ ⑧

2. Welcher Schnitt ist richtig? Begründen Sie jeweils bei den anderen, weshalb sie nicht in Betracht kommen!

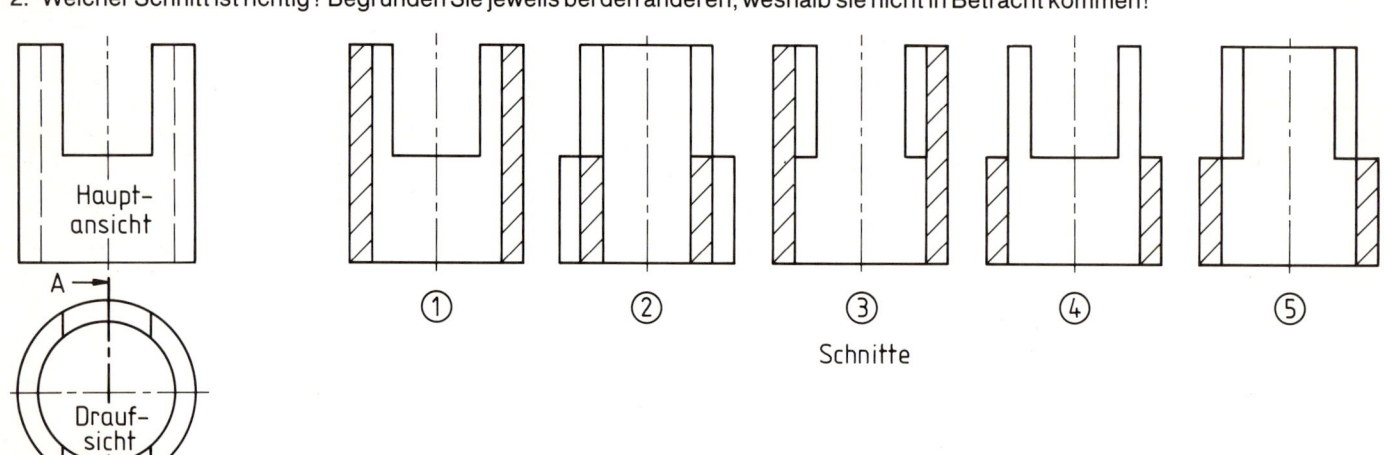

Hauptansicht

Draufsicht

Schnitte: ① ② ③ ④ ⑤

3. Welche Schnittdarstellung ist richtig? Begründen Sie, weshalb die übrigen Schnitte nicht in Betracht kommen!

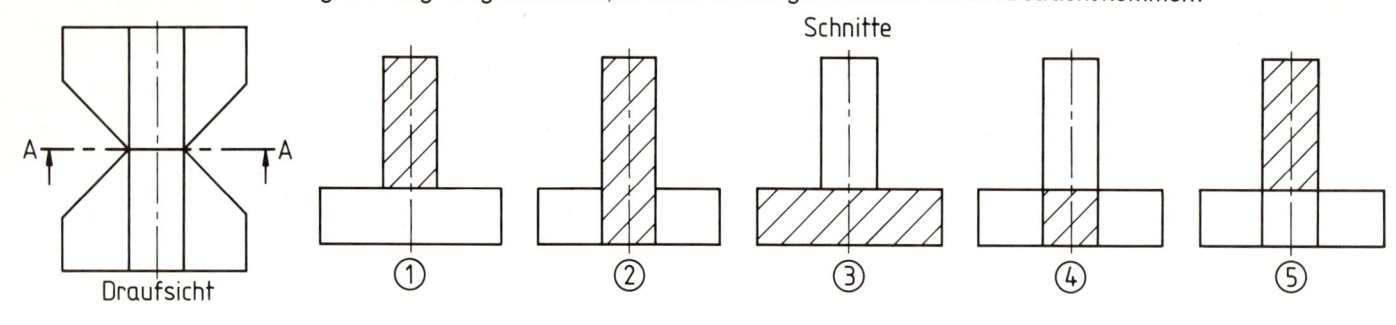

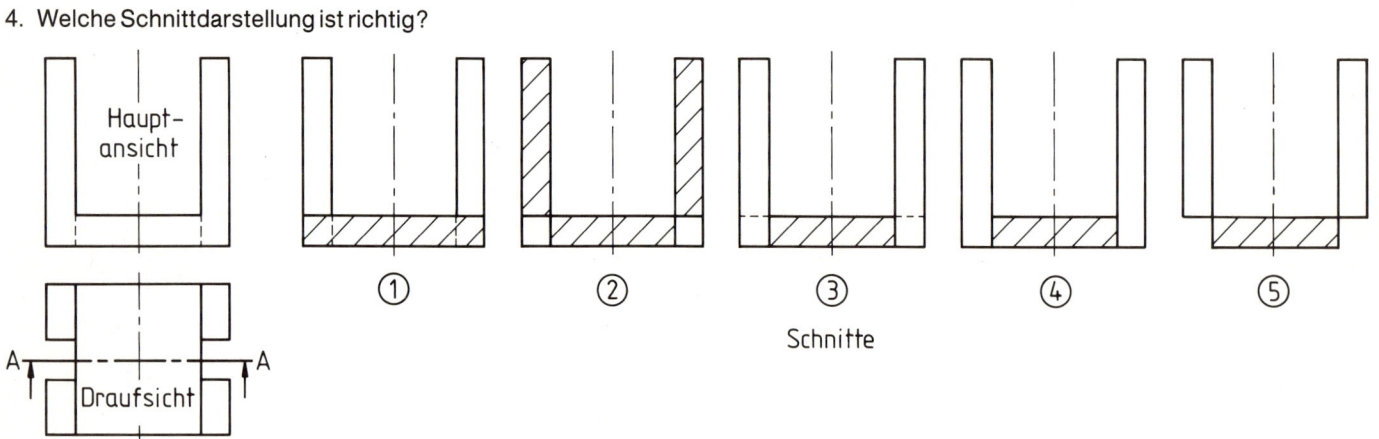

Draufsicht

Schnitte: ① ② ③ ④ ⑤

4. Welche Schnittdarstellung ist richtig?

Hauptansicht

Draufsicht

Schnitte: ① ② ③ ④ ⑤

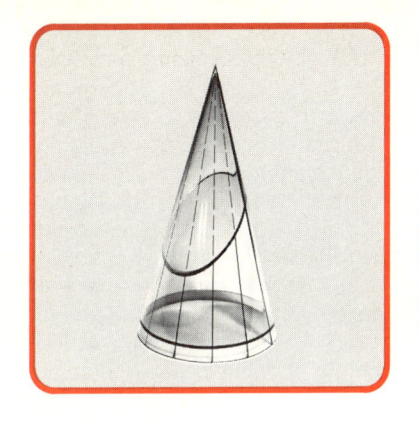

4 Grundlagen für die Abwicklung von Körpern

In diesem Kapitel werden nach einigen geometrischen Grundkonstruktionen die Grundlagen erarbeitet, die zum Verständnis von Abwicklungen Voraussetzung sind. Dabei handelt es sich vorwiegend um Körper, die in der Lüftungstechnik, im Heizungsbau, in der Klempnerei und bei Schlosserarbeiten verwendet werden.

4.1 Geometrische Grundkonstruktionen

Geometrie behandelt die flächenhaften und räumlichen Gebilde und deren Gesetzmäßigkeiten. Obwohl schon in den vorangegangenen Abschnitten zahlreiche geometrische Darstellungen erstellt wurden, sollen nachfolgend die wesentlichen Grundkonstruktionen anhand von vier Zeichnungen zusammengefaßt werden.

Zeichnung 35.1: Strecken- und Winkelteilung
In der dargestellten Weise sollen die fünf Aufgaben gezeichnet werden. Nachfolgend werden hierzu einige Erläuterungen gegeben.

Streckenteilung:
Eine Strecke kann nach verschiedenen Methoden gleichmäßig geteilt werden:
- Man mißt die Strecke ab, teilt sie durch die Anzahl der Teilungen und erhält somit die Teilungslänge, die man mit dem Maßstab abträgt (nicht dargestellt).
- In der **Zeichnung 35.1** ① wurde die Strecke von 70 mm mit dem Zirkel in vier gleich lange Teilstrecken geteilt. Mit der Zirkelöffnung, die größer ist als die Hälfte der Strecke, schlägt man von den Endpunkten je einen Bogen nach unten und oben. Verbindet man die beiden Bogenschnittpunkte miteinander, so erhält man eine Senkrechte zu der gegebenen waagerechten Strecke. Sie halbiert die Strecke. Durch weiteres Halbieren nach dem beschriebenen Verfahren entstehen 2, 4, 8, 16, 32 gleich lange Teilstrecken.
- In der **Zeichnung 35.1** ② erfolgt die Teilung der 90 mm langen Strecke durch Parallelverschiebung. Von Punkt 0 aus wird ein beliebiger Strahl gezeichnet. Darauf wird eine beliebige „Zirkelstrecke" in der geforderten Anzahl (hier: neunmal) abgetragen. Die beiden Endpunkte 9 – 9' werden miteinander verbunden. Zu dieser Linie werden durch die Teilungspunkte des Strahles Parallelen gezeichnet (Parallelverschiebung), die die Strecke ebenfalls in neun gleich lange Strecken unterteilt.

In der **Zeichnung 35.1** ③ soll die Umfassungsfläche eines Vollzylinders in zwölf Teile unterteilt und zusätzlich an den Teilungspunkten Senkrechte (Mantellinien) errichtet werden. Grundsätzlich könnten die Teilungspunkte wie beim Verfahren der Zeichnung 35.1 ② ermittelt werden. Von diesen Punkten aus werden die Senkrechten gezeichnet.
Eine einfachere Lösung läßt sich erreichen, wenn man im Endpunkt der zu teilenden Strecke eine Senkrechte errichtet (gestrichelte Linie). In der abgebildeten Zeichnung wird einfach die senkrechte Begrenzung verlängert. Man legt das Lineal (Maßstab) so auf die Zeichnung, daß der Punkt 0 der Zeichnung und der Punkt 0 des Maßstabs übereinstimmen. Um den Punkt 0 dreht man das Lineal so, daß der Abstand zwischen Drehpunkt 0 und der Senkrechten auf dem Lineal eine Strecke darstellt, die durch zwölf geteilt, ein auf dem Lineal exakt abzulesendes Maß ist. Hier ist das Maß 18 cm, das eine Teilungslänge von 1,5 cm ergibt. Jetzt braucht man nur noch die Maße 1,5 cm, 3 cm, 4,5 cm usw. zu markieren und durch die markierten Punkte jeweils eine Senkrechte zu ziehen.

▼ 35.1

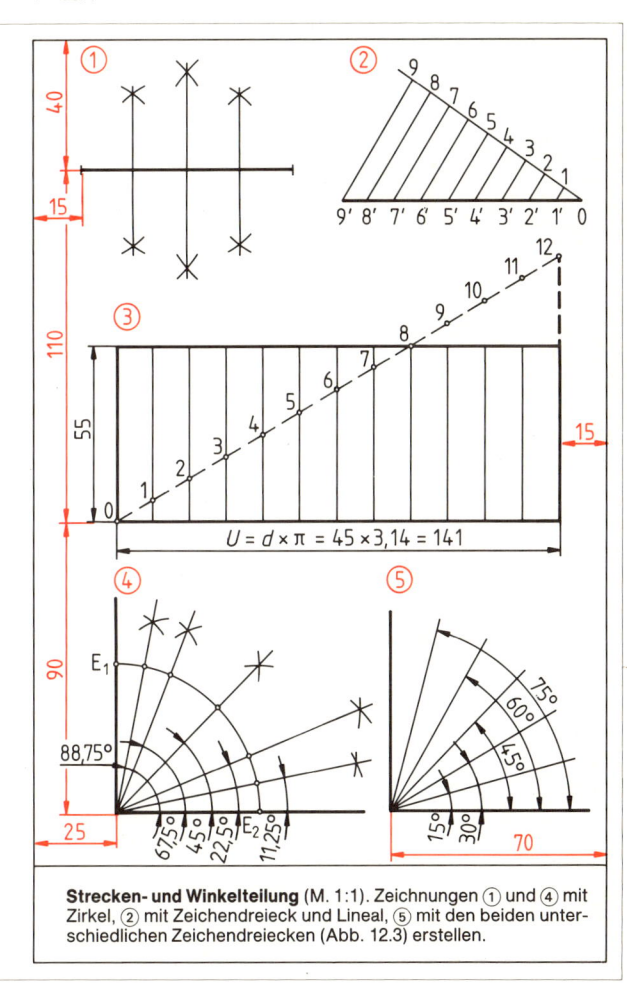

Strecken- und Winkelteilung (M. 1:1). Zeichnungen ① und ④ mit Zirkel, ② mit Zeichendreieck und Lineal, ⑤ mit den beiden unterschiedlichen Zeichendreiecken (Abb. 12.3) erstellen.

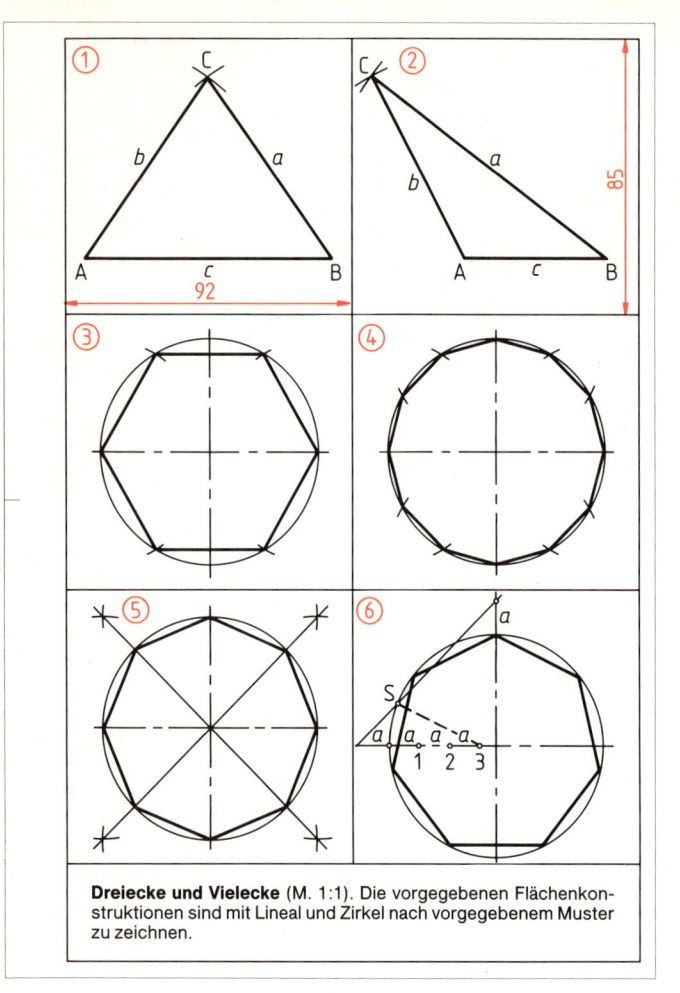

Dreiecke und Vielecke (M. 1:1). Die vorgegebenen Flächenkonstruktionen sind mit Lineal und Zirkel nach vorgegebenem Muster zu zeichnen.

▲ 36.1

Gleichschenkliges Dreieck
• Zwei Seiten sind gleich lang.
• Die Winkel an den Fußpunkten der gleich langen Seiten sind gleich groß.
• Gleichschenklig können sowohl spitzwinklige, stumpfwinklige als auch rechtwinklige Dreiecke sein.
• Sind die beiden Schenkel ebenso lang wie die Grundlänge, dann spricht man von einem **gleichseitigen Dreieck.**
• Beim gleichseitigen Dreieck haben alle drei Winkel 60°, da die Winkelsumme bei jedem Dreieck 180° beträgt.

Ungleichschenkliges Dreieck
• Die drei Seiten sind unterschiedlich lang.
• Kurzen Seiten liegen kleine, langen Seiten große Winkel gegenüber.
• Ein ungleichschenkliges Dreieck kann spitzwinklig, stumpfwinklig oder rechtwinklig sein.

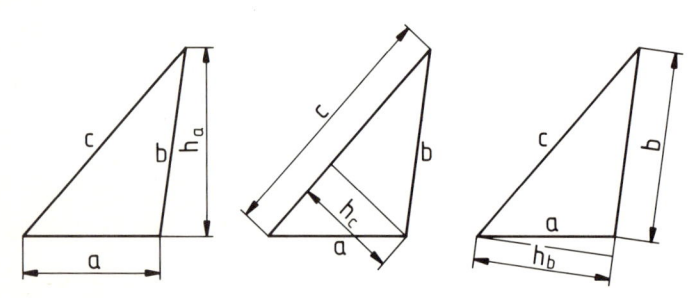

36.2 Jede Seitenlänge eines Dreiecks kann die Grundlänge sein. Die Höhe ist immer die Senkrechte, die auf der Grundlinie oder verlängerten Grundlinie errichtet wird und bis zur gegenüberliegenden Spitze reicht.

Winkelteilung:
In der **Zeichnung 35.1** ④ wird eine Winkelteilung mit Zirkel vorgenommen. Der rechte Winkel, der durch die Senkrechte und Waagerechte gegeben ist, wird zunächst in zwei gleich große Winkel unterteilt hierzu werden von den Einsatzpunkten E_1 und E_2 gleiche Kreisbögen geschlagen, wodurch die Winkelhalbierung festgelegt wird. Auf diese Weise kann weiter halbiert werden, wodurch der 22,5°- bzw. der 67,5°-Winkel entsteht. Setzt man die Halbierung fort, dann ergeben sich 11,25°- bzw. 78,75°-Winkel.

In der **Zeichnung 35.1** ⑤ wird eine Winkelteilung mit Zeichendreiecken vorgenommen. Durch Aneinanderlegen von Zeichendreiecken mit den vier gängigen Winkeln lassen sich die dargestellten Winkel in Abständen von 15° antragen. Dies läßt sich bis zum Vollwinkel fortführen. Den 15°-Winkel erhält man durch Anlegen des 45°-Winkels an den 60°-Strahl, den 75°-Winkel durch Anlegen des 45°-Winkels an den 30°-Strahl.

Zeichnung 36.1: Konstruktion von Dreiecken und Vielecken
Die dargestellten Drei- und Vielecke sollen gezeichnet werden. Die Blatteinteilung wird so vorgenommen, daß sechs gleich große Felder entstehen. Der Einsatzpunkt des Zirkels für die Vielecke ist jeweils die Mitte eines Feldes. Der Durchmesser beträgt für alle Kreise 70 mm.

In der Zeichnung 36.1 ① handelt es sich um ein **gleichschenkliges Dreieck** (vgl. Tab. 36.2). Um die Endpunkte A und B der Grundlänge c = 80 mm wird derselbe Kreisbogen (Schenkel) geschlagen. Der Punkt C ist der Schnittpunkt beider Kreisbögen.

In der Zeichnung 36.1 ② handelt es sich um ein **ungleichschenkliges Dreieck** (vgl. Tab. 36.2). Von A und B aus (c = 45 mm) werden unterschiedliche Kreisbogen geschlagen, um den Schnittpunkt C zu erhalten.

Die Flächenberechnung eines Dreiecks erfolgt mit folgender Formel (vgl. Abb. 36.3):

$$\text{Fläche} = \frac{\text{Grundlänge} \times \text{Höhe}}{2}$$

Die **Zeichnung 36.1** ③ zeigt ein Sechseck. Ausgangsfigur ist der Kreis (Umkreis). Von den Schnittpunkten der waagerechten Achse mit dem Kreis werden nach beiden Seiten Kreisbögen mit dem Kreisradius geschlagen. Diese Schnittpunkte mit dem Vollkreis sowie die Schnittpunkte mit der Achse (Einsatzpunkte des Zirkels) sind die Eckpunkte des Sechsecks.

In der **Zeichnung 36.1** ④ wird ein Zwölfeck dargestellt. Ausgangsfigur ist der Umkreis. Von jedem Achsenschnittpunkt wird der Kreisradius nach beiden Seiten abgetragen. Die so erhaltenen acht Schnittpunkte sowie die vier Schnittpunkte mit den Kreisachsen sind Zwölfeckpunkte.

In der **Zeichnung 36.1** ⑤ wird ein Achteck dargestellt. Von den vier Achsenschnittpunkten aus werden nach beiden Seiten Kreisbogen geschlagen. Die jeweils gegenüberliegenden Schnittpunkte werden so miteinander verbunden, daß die Verbindungslinie durch den Kreismittelpunkt geht. Die Schnittpunkte dieser Linien mit dem Kreis und die Achsenschnittpunkte mit dem Kreis werden zum Achteck verbunden.

In der **Zeichnung 36.1** ⑥ handelt es sich um ein Siebeneck. Ausgangsfigur ist der Umkreis. Der Kreisdurchmesser, der die waagerechte Achse darstellt, wird in sieben gleich lange Teilstrecken geteilt (vgl. Streckenteilung). Die einzelne Teilstrecke (a = 1/7 · d) wird auf der waagerechten und senkrechten Kreisachse außerhalb des Kreises je einmal abgetragen und deren Endpunkte miteinander verbunden. Der Schnittpunkt S mit dem Kreis wird dann mit dem dritten Teilungspunkt verbunden. Die Strecke S–3 ist eine Siebeneckseite. Diese Konstruktion ist auch für andere Vieleckkonstruktionen gültig.

Zeichnung 37.1: Sehnen- und Tangentensatz, Rundungen

In dieser Zeichnung werden verschiedene Grundkonstruktionen dargestellt, die vor allem mit dem Kreis und mit Rundungen zu tun haben.

In der **Zeichnung 37.1** ① sollen einige Begriffe erläutert werden:

> **Sehne** ist die gerade Verbindungsstrecke zweier Kreispunkte, die nicht durch den Mittelpunkt des Kreises geht. Durch die Sehne wird ein **Kreisabschnitt** (Segment) gebildet.

> Der **Kreisausschnitt** (Sektor) wird durch zwei Radien begrenzt. Mittelsenkrechte, die auf Kreissehnen errichtet werden, gehen durch den Kreismittelpunkt. Der Schnittpunkt zweier Mittelsenkrechten ist der Kreismittelpunkt (Sehnensatz).

> **Tangente** ist die Berührungsgerade in einem Kreispunkt. Der Radius im Berührungspunkt bildet mit der Tangente einen rechten Winkel (Tangentensatz).

In der **Zeichnung 37.1** ② wird als Anwendung des Sehnensatzes ein Dreieck mit Umkreis gezeichnet. Für ein gegebenes Dreieck ist der Umkreis zu konstruieren, der durch alle Eckpunkte geht. Die Dreieckseiten sind Kreissehnen. Darauf werden Mittelsenkrechte errichtet. Deren Schnittpunkt ist als Kreismittelpunkt Einsatzpunkt des Zirkels.

In der **Zeichnung 37.1** ③ wird ein Dreieck mit Inkreis dargestellt. In das gegebene Dreieck ist ein Kreis einzuzeichnen, der alle Dreieckseiten berührt. Die Winkelhalbierenden ergeben als Schnittpunkt den Kreismittelpunkt. Man legt das rechtwinklige Zeichendreieck mit dem rechten Winkel an eine Dreieckseite so an, daß die dazugehörige senkrechte Seite den Mittelpunkt schneidet. Die Strecke vom Mittelpunkt des Kreises bis zum Berührungspunkt des Kreises mit einer Dreieckseite ist der Radius. Der Inkreis kann jetzt gezeichnet werden. Die anderen Berührungspunkte werden wie beschrieben ermittelt. Diese Konstruktion ist die Anwendung des Sehnensatzes, denn der Radius bildet mit der Tangente (Dreieckseite) am Berührungspunkt (Tangentenpunkt) einen rechten Winkel.

In der **Zeichnung 37.1** ④ sind die Maße eines Rechtecks mit segmentförmigem Abschluß gegeben. Hier wird der Sehnensatz angewendet, da drei Punkte des Kreisbogens festliegen und somit drei Sehnen gezeichnet werden können. Die Schnittpunkte der Mittelsenkrechten ist der Einsatzpunkt des Zirkels für den Kreisbogen.

In der **Zeichnung 37.1** ⑤ sollen als Anwendung des Tangentensatzes verschiedene Rundungen konstruiert werden. Die Fläche in Eckform und die Rundungsradien sind angegeben. Parallelen zu den Außenkanten im Abstand des Rundungsradius ergeben als Schnittpunkt den Einsatzpunkt des Zirkels. Rechtwinklig zu diesen Parallelen werden im Schnittpunkt Kreisradien eingetragen. Diese begrenzen als Berührungsradien den Kreisbogenverlauf.

Zeichnung 37.2: Ellipsen- und Korbbogenkonstruktion

Bei der **Ellipsenkonstruktion** ist zunächst die große und kleine Achse gegeben. Nun werden zwei Kreise mit diesen Achsenmaßen gezeichnet. Für die beiden Kreise werden an beliebigen Stellen Durchmesser eingetragen. Im Schnittpunkt A wird eine Waagerechte gezeichnet. Vom Schnittpunkt B wird ein Lot gefällt. Der Schnittpunkt von der Waagerechten und dem Lot ist ein Ellipsenpunkt. In derselben Weise werden weitere Ellipsenpunkte ermittelt. Die Verbindungslinie der so ermittelten Punkte ergibt die Ellipse.

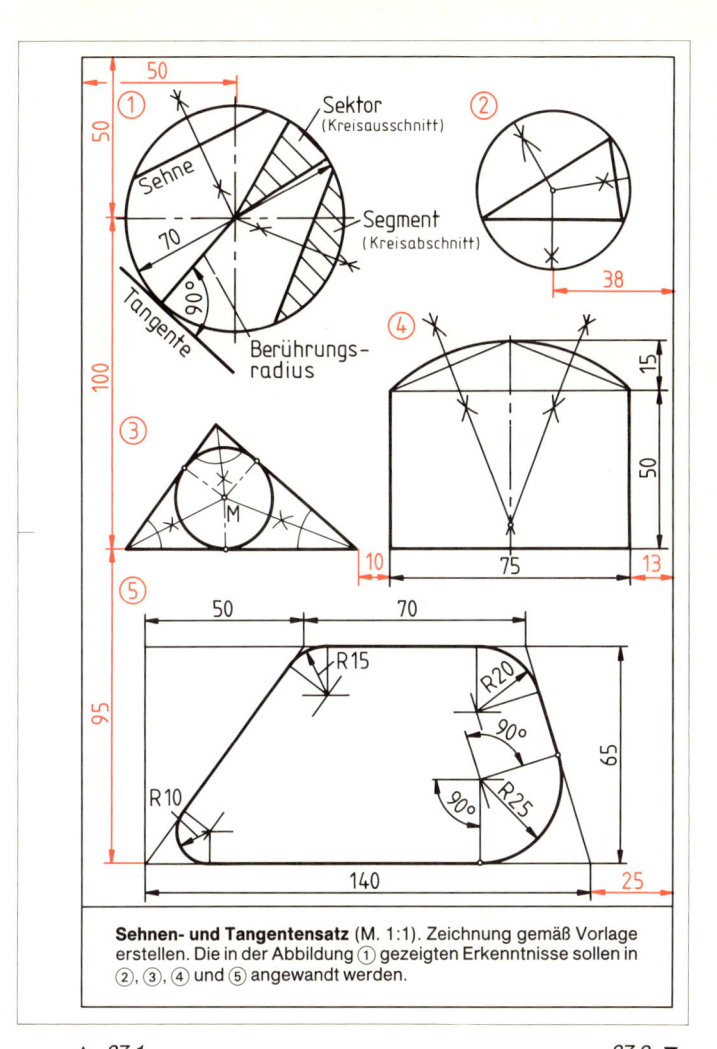

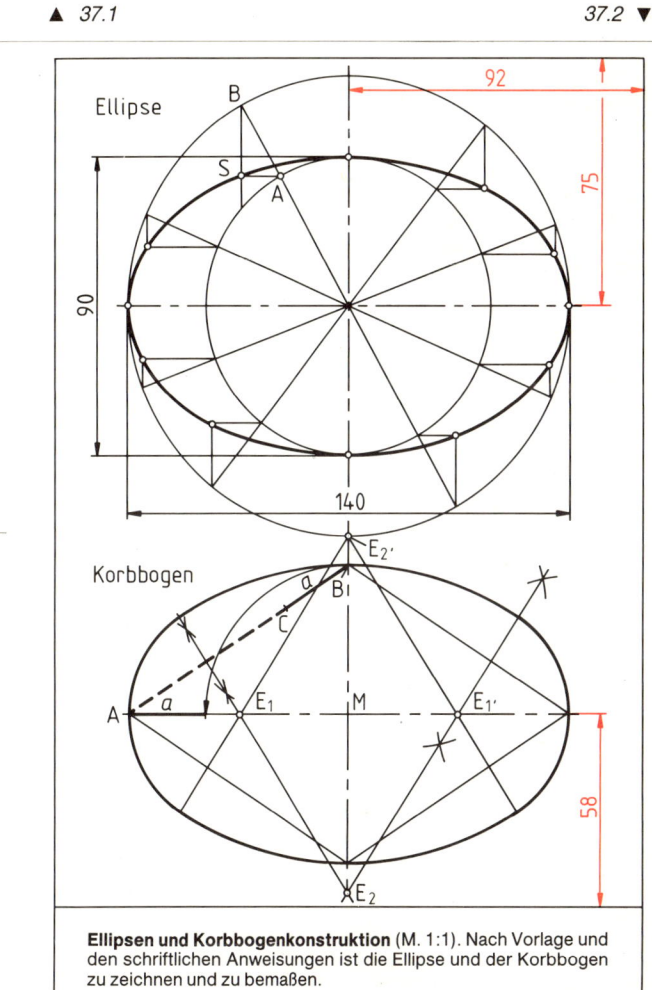

Sehnen- und Tangentensatz (M. 1:1). Zeichnung gemäß Vorlage erstellen. Die in der Abbildung ① gezeigten Erkenntnisse sollen in ②, ③, ④ und ⑤ angewandt werden.

▲ 37.1   37.2 ▼

Ellipsen und Korbbogenkonstruktion (M. 1:1). Nach Vorlage und den schriftlichen Anweisungen ist die Ellipse und der Korbbogen zu zeichnen und zu bemaßen.

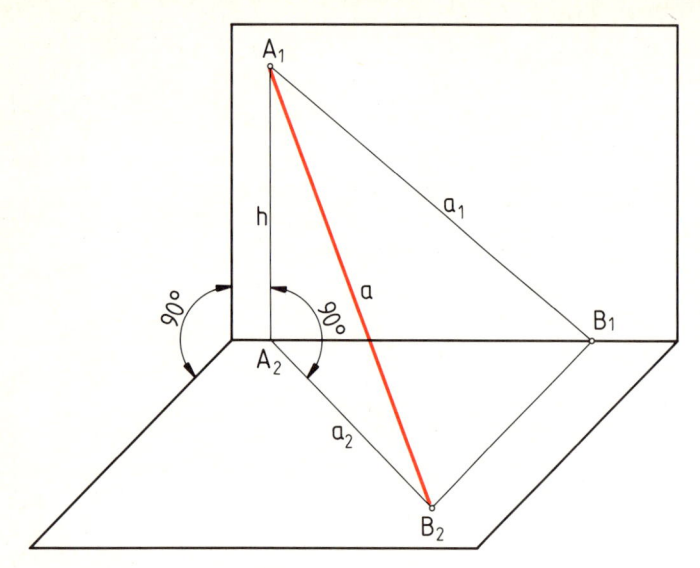

38.1 Projektion einer Strecke zur Vorderansicht und zur Draufsicht

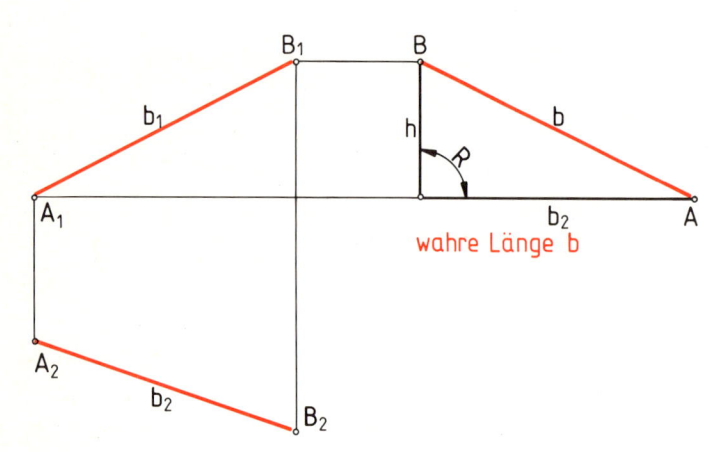

38.2 Strecke nicht parallel zur Vorderansicht und zur Draufsicht

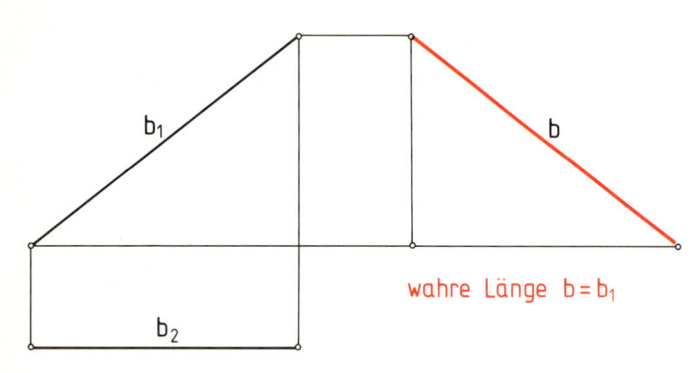

38.3 Strecke parallel zur Vorderansicht

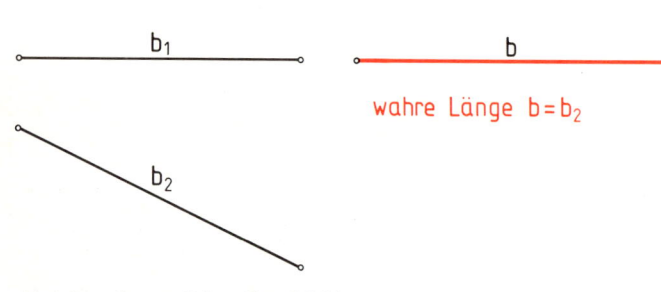

38.4 Strecke parallel zur Draufsicht

Die **Korbbogenkonstruktion** kann als vereinfachte Ellipsenkonstruktion betrachtet werden. Hier wird der Korbbogen durch zwei verschiedene Kreisradien konstruiert.
Gegeben ist die große Achse und die kleine Halbachse. Von M aus Zirkelschlag mit der kleinen Halbachse als Radius auf die große Achse durchführen. Auf der Strecke A – B wird der Differenzbetrag zwischen der großen und der kleinen Halbachse (Strecke a) abgetragen. Auf der Reststrecke A – C wird die Mittelsenkrechte errichtet, deren Schnittpunkte mit der großen und kleinen Achse die Einsatzpunkte des Zirkels ergeben. Die Mittelsenkrechte ist gleichzeitig die Grenze für den kleinen und den großen Kreisbogen. Durch sinngemäße Übertragung der Einsatzpunkte und durch das Einzeichnen der Begrenzungslinien kann der Korbbogen zum vollen Oval ergänzt werden.
Die Maße der Ellipse sind für den Korbbogen zu übernehmen.

4.2 Wahre Größen und Strecken

Eine Strecke, die parallel zu einer Aufrißebene verläuft, bildet sich darin zeichnerisch in der wahren Größe ab.
Strecken, die zu den Projektionsebenen geneigt sind, müssen durch Hilfskonstruktionen in der wahren Größe ermittelt werden.
Abb. 38.1 veranschaulicht räumlich diesen Zusammenhang. Die Vorderansichts- und die Draufsichtsfläche bilden einen rechten Winkel. Die rot dargestellte Strecke beginnt mit dem Punkt A_1 der Vorderansichtsfläche und endet mit dem Punkt B_2 auf der Draufsichtsfläche. Da diese Strecke $A_1 - B_2$ weder zur Vorderansicht noch zur Draufsicht parallel liegt, bildet sie sich in beiden Ansichten nicht in der wahren Länge ab.
Senkrecht unterhalb von Punkt A_1 wird in der Draufsicht der dazugehörige Punkt A_2 abgebildet. Somit ergibt sich die Draufsichtsprojektion a_2 als Strekce $A_2 - B_2$.
Die Senkrechte h bildet mit a_2 einen rechten Winkel. Die Strecke a ist die Hypotenuse des sich hierbei ergebenden rechtwinkligen Dreiecks.
Zur Ermittlung der wahren Länge muß dieses Dreieck aufgezeichnet werden.

> In dem rechtwinkligen Dreieck, gebildet aus der Draufsichtsprojektion und der senkrechten Höhe der Vorderansicht als Katheten, ist die Hypotenuse die wahre Länge der in den Projektionsflächen dargestellten Strecke a_1 und a_2.

In der Abb. 38.2 sollte man zunächst eine Strecke sehen, die in der Vorderansicht (b_1) und in der Draufsicht (b_2) gegeben ist. Bei Anwendung des erarbeiteten Merksatzes ergibt sich die Lösung.
In der Abb. 38.3 ist die Draufsicht durch eine Waagerechte gegeben. Wendet man auch hier konsequent die gewonnene Erkenntnis an, dann wird deutlich, daß hier die wahre Länge schon in der Vorderansicht enthalten ist.
Da die in der Vorderansicht dargestellte Strecke in der Abb. 38.4 eine Waagerechte ist und somit die senkrechte Höhe Null beträgt, ist die wahre Länge in diesem Fall mit der Grundrißprojektion identisch.

> Ist im Grundriß eine Strecke als Waagerechte abgebildet, dann erscheint die Strecke in der Vorderansicht in der wahren Größe.
> Alle Strecken, die sich in einer Ansicht als Waagerechte abbilden, erscheinen in der anderen Ansicht als wahre Länge.

4.3 Wahre Größen von Flächen

Eine Fläche ist begrenzt durch Strecken. Möchte man die wahre Fläche ermitteln, dann muß man zuerst die wahren Strecken dieser Fläche ermitteln und sie dann wieder zu einer Fläche zusammensetzen.

> Flächen, die parallel zu einer Ansicht liegen, erscheinen in der anderen Ansicht als Strecke. Demnach stellt die Flächenprojektion schon die wahre Größe dar (Abb. 39.1).

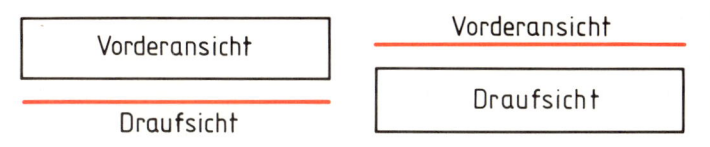

39.1 Fläche parallel zur Vorderansicht (links) und zur Draufsicht (rechts)

In der Abb. 39.2 ist eine Rechteckfläche in Vorderansicht und Draufsicht dargestellt. In beiden Ansichten erscheint die Rechteckfläche als Fläche, da sie zu keiner Projektionsfläche parallel liegt. Wäre dies der Fall, dann müßte sie entweder in der Vorderansicht oder Draufsicht als Strecke erscheinen.

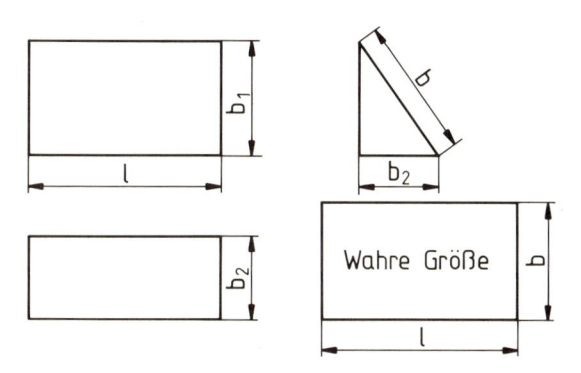

39.2 Fläche nicht parallel zur Vorderansicht und zur Draufsicht

> Bildet sich eine Fläche in der Vorderansicht und in der Draufsicht als Fläche ab, dann erscheint sie in keiner Ansicht in der wahren Größe.

Zeichnung 39.3: Ermittlung wahrer Dreiecksflächen

Für die Ermittlung der wahren Dreiecksfläche werden die bis jetzt erarbeiteten Erkenntnisse angewandt. Das Dreieck erscheint in Vorderansicht und Draufsicht als Fläche, daher ist es in keiner Ansicht in der wahren Größe abgebildet. Möchte man nun die wahre Größe bestimmen, so sind folgende vier Schritte zu beachten, wobei man das Dreieck nicht mehr als Fläche, sondern als drei Strecken betrachten muß:

- Festlegung der senkrechten Höhen für jede einzelne Strecke (h_a, h_b, h_c).
- Eintragung der Grundrißprojektionslängen als Waagerechte zu den dazugehörigen Höhen.
- Ermittlung der wahren Seitenlängen.
- Ermittlung der wahren Dreiecksfläche durch Zirkelschlag mit den Strecken a und b als Radien von den Endpunkten aus.

Zeichnung 39.4: Wahre Dreiecks- und Trapezflächen

Für die in der Vorderansicht und Draufsicht gegebenen Dreiecks- und Trapezflächen sollen die erforderlichen wahren Längen ermittelt und die wahren Flächen gezeichnet werden.

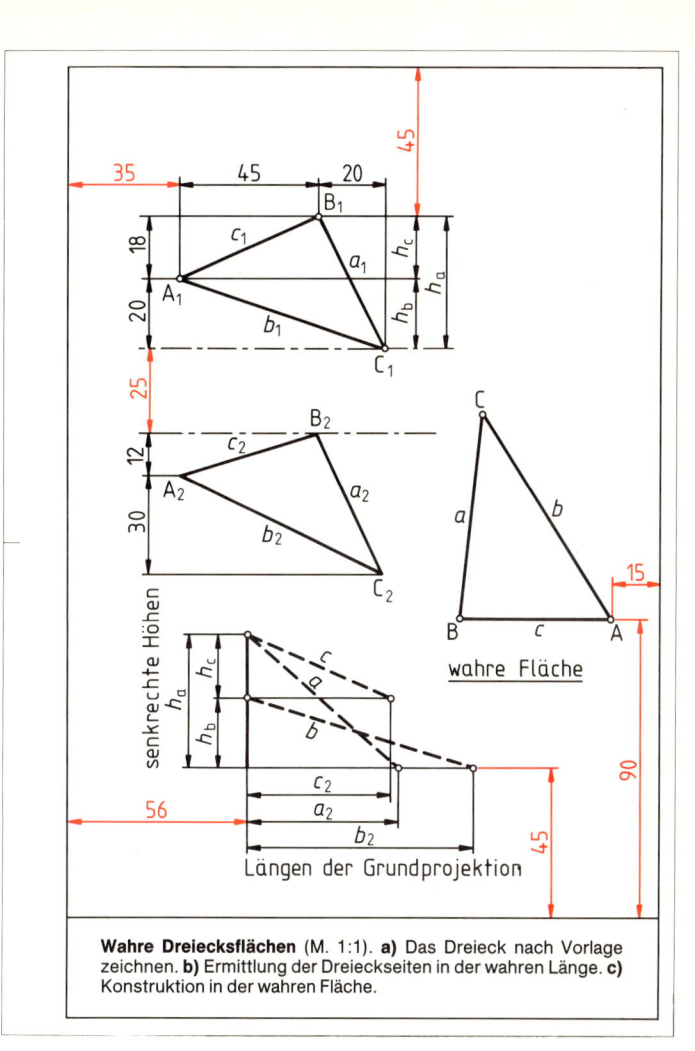

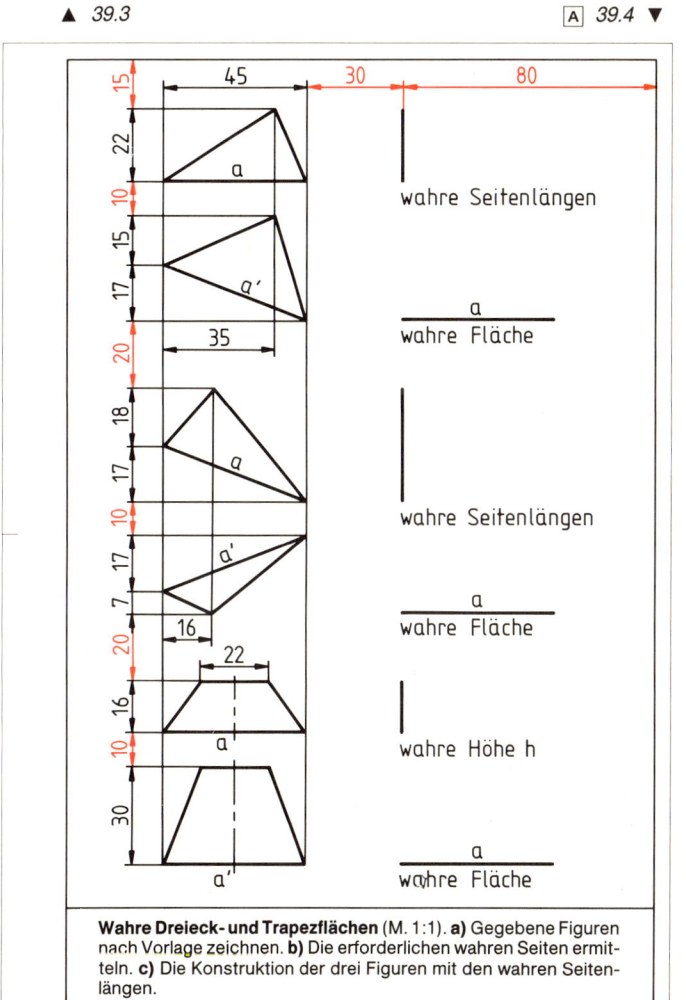

Wahre Dreiecksflächen (M. 1:1). **a)** Das Dreieck nach Vorlage zeichnen. **b)** Ermittlung der Dreieckseiten in der wahren Länge. **c)** Konstruktion in der wahren Fläche.

▲ 39.3

Wahre Dreieck- und Trapezflächen (M. 1:1). **a)** Gegebene Figuren nach Vorlage zeichnen. **b)** Die erforderlichen wahren Seiten ermitteln. **c)** Die Konstruktion der drei Figuren mit den wahren Seitenlängen.

A 39.4 ▼

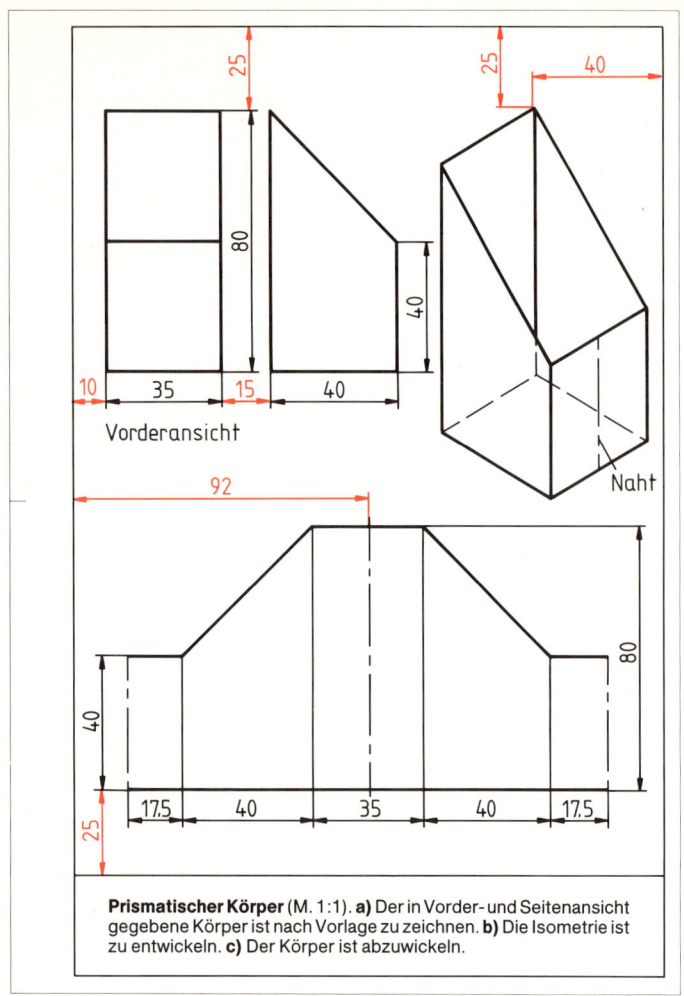

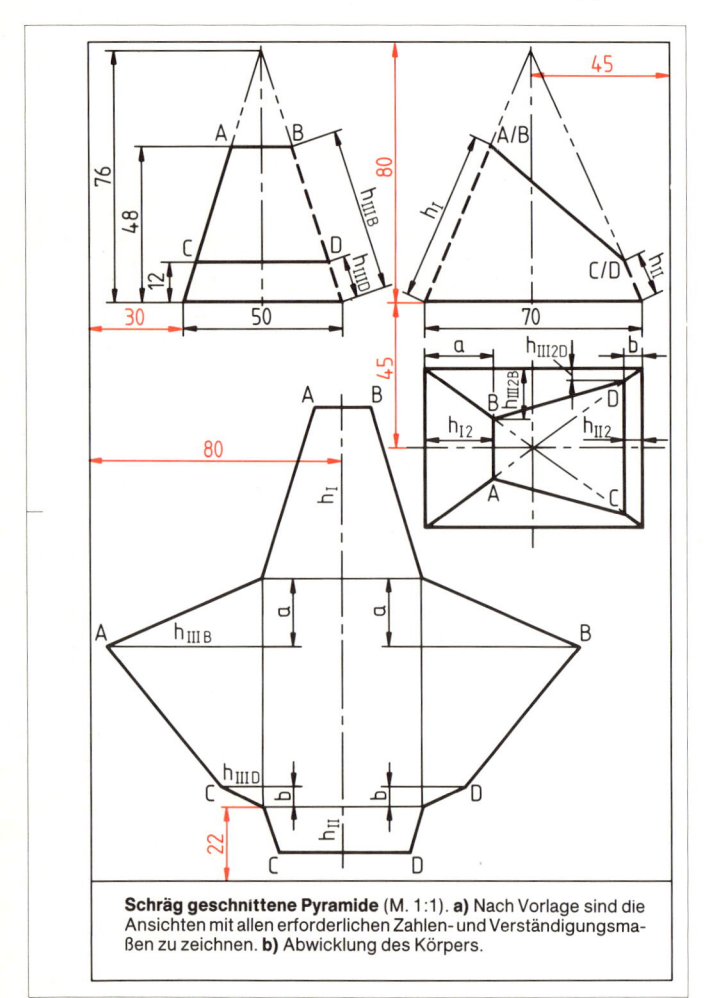

4.4 Abwicklung von Körpern

Prisma und Pyramide

Zeichnung 40.1:
Der Körper wird in zwei Ansichten dargestellt. Außerdem sollen die Isometrie und die Abwicklung gezeichnet werden.
Bei der isometrischen Darstellung geht man von der 80 mm langen senkrechten hinteren Kante aus. Von der hinteren unteren Ecke aus zeichnet man unter 30°-Winkel die beiden unterschiedlichen Seiten, wodurch sich zeichnerisch die beiden äußeren Begrenzungen ergeben. Durch Parallelverschiebung erhält man die untere Rechteckfläche. Von diesen Eckpunkten aus werden die senkrechten Strecken 80 mm und 40 mm gezeichnet. Die Verbindungslinien ergeben den isometrisch dargestellten Körper.
Für die Abwicklung geht man von der der Naht gegenüberliegenden Rechteckfläche aus, die in ihren Abmessungen durch die Vorderansicht gegeben ist. An diese Fläche schließen sich die beiden Trapezflächen an, deren wahre Größe in der Seitenansicht erhalten ist. Die vordere kleine Rechteckfläche wird durch die Naht in zwei flächengleiche Rechteckflächen unterteilt, deren Abwicklungsflächen sich als Endflächen an die beiden Trapezflächen anschließen.

Zeichnung 40.2:
Die schräg geschnittene Pyramide ist in drei Ansichten zu zeichnen. Außerdem ist die Abwicklung zu erstellen.
Zuerst wird der Vollkörper in der Vorderansicht und in der linken Seitenansicht gezeichnet. Daraus ergibt sich auch die Draufsicht des Vollkörpers.
Die obere und untere Schrägkante ist durch die Maße der linken Seitenansicht festgelegt. Durch die beiden gegebenen Höhenmaße ist die Vorderansicht und dadurch auch die Draufsicht festgelegt. Die schräg geschnittene Pyramide kann jetzt durch ausgezogene Vollinien dargestellt werden.
Die Abwicklung des Körpers besteht aus der rechteckigen Grundfläche, aus einer kleinen und einer großen Trapezfläche und aus zwei gleich großen unregelmäßigen Viereckflächen.

Rechteckfläche:
Diese Fläche kann direkt von der Draufsicht übernommen werden, da hier Länge und Breite in der wahren Größe gegeben sind. (Bildet sich in der Vorderansicht eine Fläche als Strecke ab, dann ergibt sich in der Draufsicht die wahre Fläche.)

Trapezflächen:
Um ein Trapez abzuwickeln, muß man die Maße der zwei parallel verlaufenden Seiten und deren senkrechten Abstand (Höhe) voneinander kennen. Die beiden Parallelen für die beiden Trapeze sind in der Draufsicht in der wahren Größe ersichtlich, da sie sich in der Vorderansicht als Punkt abbilden. Die dazugehörigen Höhen h_{I2} und h_{II2} (Draufsicht) werden in der Vorderansicht in der wahren Größe h_I und h_{II} abgebildet, da sie sich in der Draufsicht als Waagerechte abbilden.
Aus der Draufsicht ist erkennbar, daß die waagerechte Achse der Draufsicht eine Symmetrieachse ist, die aus Platzgründen bei der Abwicklung zur senkrechten Symmetrieachse wird.

Unregelmäßige Vieleckfläche:
Auf den langen Seiten des Rechtecks werden die Strecken a und b eingemessen. Von diesen beiden Punkten aus werden im rechten Winkel zur langen Seite des abgewickelten Rechtecks jeweils eine Waagerechte gezeichnet, auf denen der wahre Abstand der Strecken h_{IIIB} bzw. h_{IIID} abgetragen wird. Die wahren Längen dieser Strecken bilden sich in der Seitenansicht in der wahren Größen ab.

Prismatischer Körper (M. 1:1). **a)** Der in Vorder- und Seitenansicht gegebene Körper ist nach Vorlage zu zeichnen. **b)** Die Isometrie ist zu entwickeln. **c)** Der Körper ist abzuwickeln.

▲ 40.1 [A] 40.2 ▼

Schräg geschnittene Pyramide (M. 1:1). **a)** Nach Vorlage sind die Ansichten mit allen erforderlichen Zahlen- und Verständigungsmaßen zu zeichnen. **b)** Abwicklung des Körpers.

Zeichnung 41.1:
Zeichnen Sie die gegebene pyramidenförmige Blechabdeckung in den Ansichten und wickeln Sie den Körper ab.
Die abzuwickelnde Fläche setzt sich aus vier gleich großen Dreiecksflächen zusammen, die in keiner Ansicht in der wahren Größe enthalten sind.
Wie die Abbildung zeigt, wurde zuerst die Kantenlänge l_2 in der wahren Größe ermittelt. Diese ist die Hypotenuse in dem Dreieck mit der Kathete l_2 und der Körperhöhe. Für die Abwicklung ist die Strecke l der Radius des Kreises, auf dem die Seitenlänge 70 mm viermal abgetragen wird.
Hinweis: Schneidet man die Abwicklung aus und faltet sie bei den Kanten, dann ist daraus Vorder- und Seitenansicht ersichtlich.

Zeichnung 41.2:
Zeichnen Sie die Abdeckung in den Ansichten und fertigen Sie die Abwicklung an.
Abb. 41.2 stellt einen Körper dar, der sich aus zwei nicht gleich großen Trapezflächen, aus zwei gleich großen Dreieckflächen und aus vier Rechteckflächen zusammensetzt, von denen je zwei gleich groß sind. Da die vordere **Trapezfläche** in der Vorderansicht und in der Draufsicht als Trapezfläche erscheint, ist sie weder in der Vorderansicht noch in der Draufsicht in der wahren Größe abgebildet. Zur Abwicklung der Trapezfläche braucht man die beiden parallelen Seiten mit 50 mm und 70 mm, die sich als wahre Strecken abbilden, und die dazugehörige wahre Höhe. Die wahre Höhe dieser Trapezfläche ergibt sich zeichnerisch als die Hypotenuse, gebildet aus der Kathete mit 45 mm (Draufsichtprojektion) und der Kathete 70 mm (senkrechte Höhe der Vorderansicht).
Die hintere Trapezfläche bildet sich in der Draufsicht als eine Waagerechte ab, folglich steht sie parallel zur Vorderansicht und ist dort in der wahren Größe gegeben.
Die Strecke A – B der Dreieckfläche ist mit der Strecke A – B der großen Trapezfläche identisch, sie braucht daher nicht mehr ermittelt zu werden. Die Strecke A – C bildet sich im Grundriß in der wahren Länge ab, sie kann direkt übernommen werden. Die Strecke B – C bildet sich in der Vorderansicht in ihrer wahren Größe ab, da diese Strecke in der Draufsicht als Waagerechte erscheint.
Es läßt sich erkennen, daß auch aus der Draufsicht und der senkrechten Höhe (die beiden Katheten) die wahre Länge (Hypotenuse) B – C zu ermitteln ist.

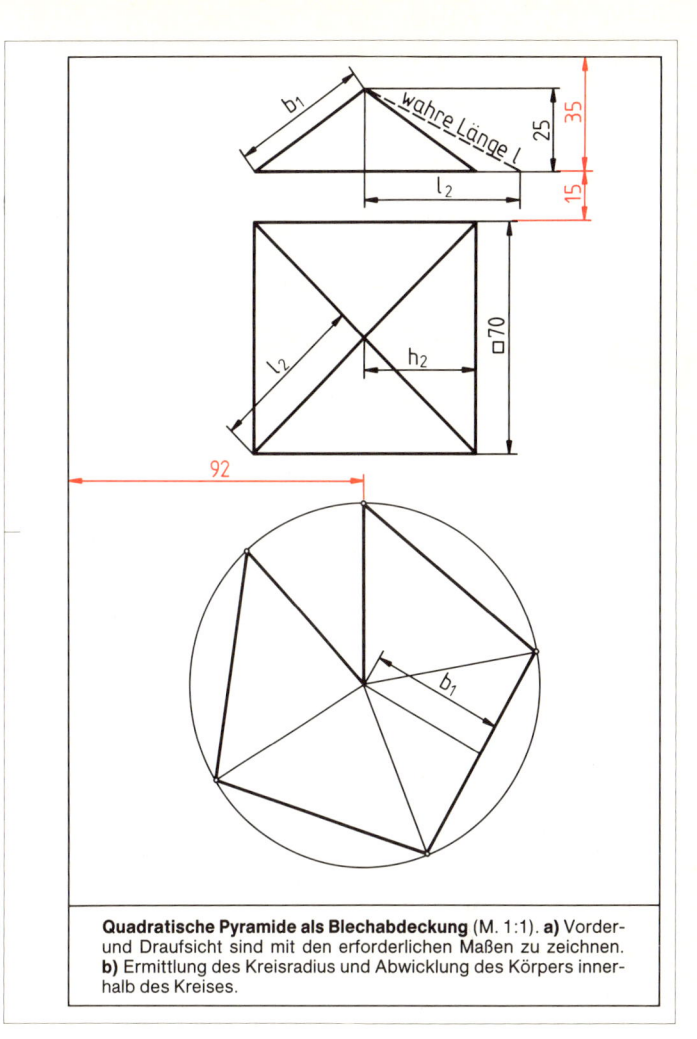

41.3

Quadratische Pyramide als Blechabdeckung (M. 1:1). **a)** Vorder- und Draufsicht sind mit den erforderlichen Maßen zu zeichnen. **b)** Ermittlung des Kreisradius und Abwicklung des Körpers innerhalb des Kreises.

▲ 41.1   [A] 41.2 ▼

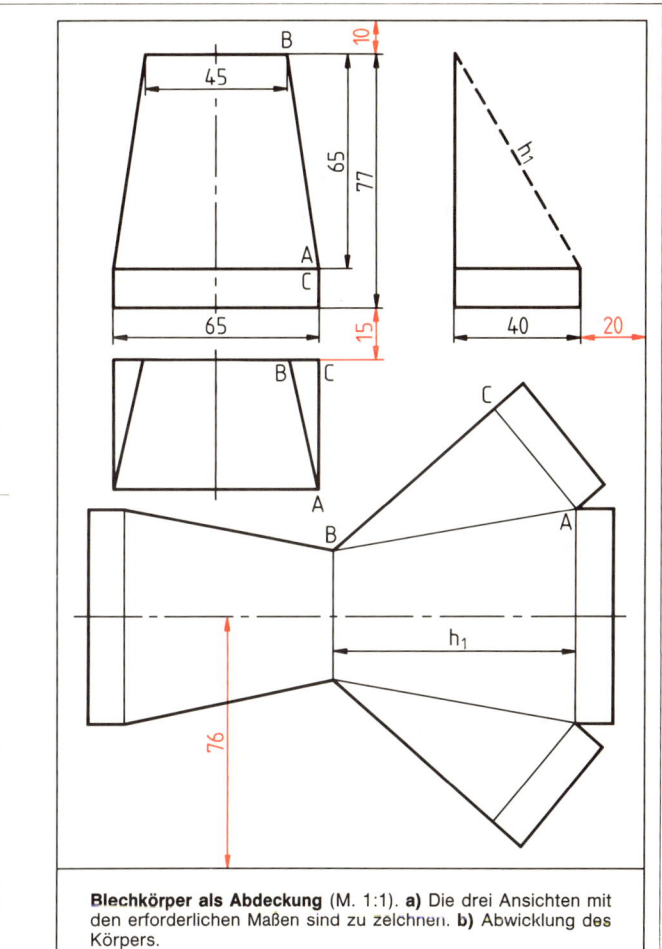

Blechkörper als Abdeckung (M. 1:1). **a)** Die drei Ansichten mit den erforderlichen Maßen sind zu zeichnen. **b)** Abwicklung des Körpers.

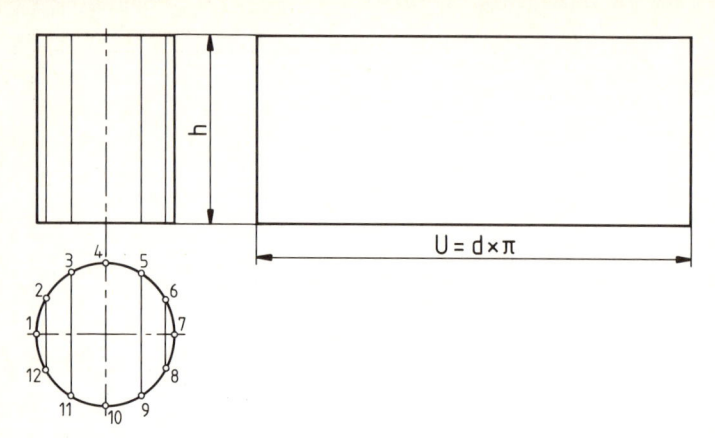

42.1 Zylinderabwicklung

Zylinder und Kegel

Der **Zylinder** ist ein Körper mit gleichbleibendem Querschnitt. Der abgewickelte Zylinder (Abb. 42.1) ist eine Rechteckfläche mit den Seiten h (Mantelhöhe) und $d \cdot \pi$ (Kreisumfang).

Man teilt im Grundriß den Kreis in zwölf gleiche Teile ein (Teilung siehe Abb. 36.1④). Die erhaltenen Punkte werden in die Vorderansicht projiziert, und von hieraus werden Senkrechte eingezeichnet. Diese Senkrechten werden Mantellinien genannt.

Bei der Zwölferteilung werden der Vorderansicht die hinteren Mantellinien von den vorderen Mantellinien verdeckt, daher erscheinen in der Vorderansicht nur die vorderen Mantellinien.

Zeichnung 42.2:

Zeichnen Sie den dargestellten schräg geschnittenen Zylinder in den Ansichten, und wickeln Sie den Körper ab.

Schneidet man den Zylinder schräg, dann stellt sich die Schnittfläche in der Vorderansicht als Strecke dar, da sie senkrecht zur Ansichtsebene steht. Die wahre Schnittfläche ist beim schrägen Schnitt immer eine ellipsenförmige Fläche. Im Grundriß bleibt die Kreisfläche erhalten. Um die Seitenansicht zu zeichnen, wird der Kreisumfang (Grundriß) in gleich lange Strecken geteilt (hier Zwölferteilung). Diese Kreispunkte werden von der Draufsicht in die Vorderansicht projiziert und als Senkrechte (Mantellinien) in die Vorderansicht eingetragen. Die rechte Seitenansicht (von links betrachtet) stellt als Vollkörper (vor dem Schnitt) ein Rechteck dar, dessen Breite dem Durchmesser entspricht.

Um die Seitenansicht zu erhalten, muß man die Mantellinien der Vorderansicht als Streckenabstand in die Seitenansicht übertragen. Die Mantellinie 1 erscheint hier in der Mitte. Die Strecke Mitte – 2 bzw. Mitte – 12 wird in der Seitenansicht abgetragen. Entsprechend ergeben sich die nach links und rechts nachfolgenden Mantellinien, deren Höhen von der Seitenansicht übertragen werden. Die Verbindungslinie dieser Punkte ist eine Ellipse.

Abwicklung der Mantelfläche: Die Vorgehensweise ist zunächst dieselbe wie beim Vollzylinder. Der Umfang der Rechtecksfläche wird dann in zwölf gleiche Teile unterteilt und die Mantellinien werden eingezeichnet (vgl. Abb. 35.1). Die Zuschnittskurve ergibt sich durch die unterschiedlichen Höhen der Mantellinien.

Abwicklung der Deckfläche: Die große Achse der Deckfläche bildet sich als Strecke A – B ab. Die Unterteilung dieser Strecke erfolgt in den Abständen a, b und c der Vorderansicht, da diese Abstände die wahren Längen der Mittelachse sind.

Die Strecken 12 – 2, 11 – 3 usw. bilden sich in der Draufsicht in der wahren Größe ab, daher müssen diese Strecken rechtwinklig zur Achse übertragen werden. Die Verbindung dieser Punkte ergibt eine Ellipse.

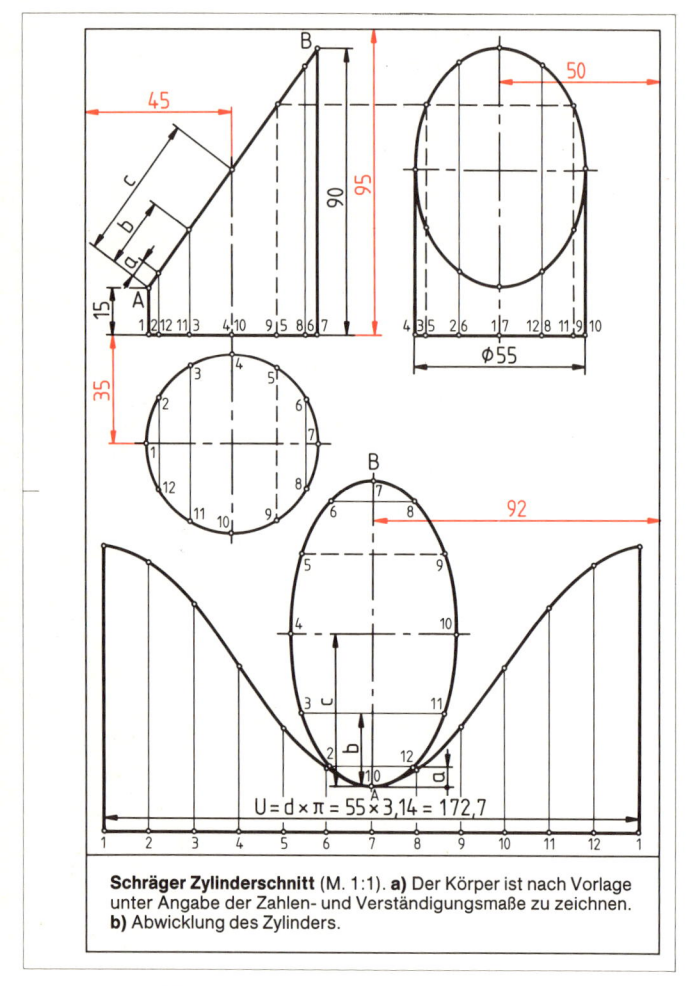

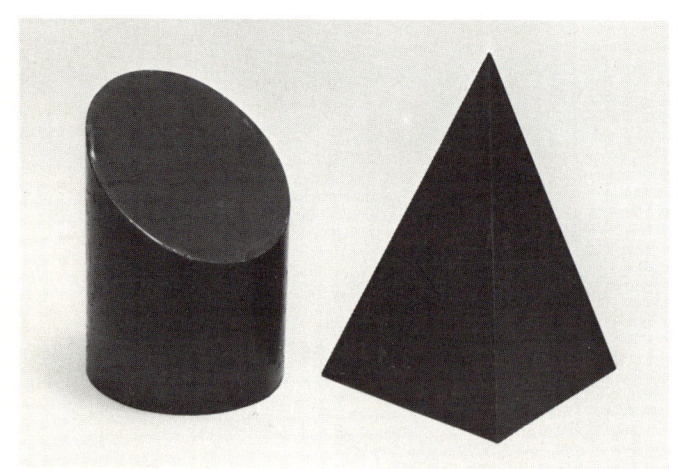

Schräger Zylinderschnitt (M. 1:1). **a)** Der Körper ist nach Vorlage unter Angabe der Zahlen- und Verständigungsmaße zu zeichnen. **b)** Abwicklung des Zylinders.

▲ 42.2 Ⓐ

42.3

42.4

Zeichnung 43.1: Schräggeschnittener Kegel

Vorder- und Draufsicht. Zuerst wird der Vollkörper gezeichnet, der sich in der Vorderansicht als Dreieck und in der Draufsicht als Kreis darstellt. Der Mittelpunkt des Kreises ist die Spitze des Vollkegels. Der Kreis wird in zwölf gleiche Teile eingeteilt, von den Teilungspunkten aus werden Radien gezeichnet, welche die Projektion der Mantellinien ergeben. Die Mantellinien werden auf die Vorderansicht übertragen (Mantellinien 4 bis 10 sichtbar).

Der Vollkegel wird geschnitten, wodurch die Begrenzungspunkte der Mantellinie festlegen. Diese Punkte werden auf die entsprechenden Mantellinien im Grundriß projiziert (Begrenzungspunkte der Mantellinien). Die Verbindungslinie dieser Punkte ergibt die Schnittfläche in der Draufsicht.

Abwicklung der Mantelfläche. Beim Vollkegel sind alle Mantellinien gleich groß. Jedoch nur die beiden äußeren Mantellinien erscheinen in der wahren Größe, da sie sich in der Draufsicht als Waagerechte abbilden. Mit dieser wahren Länge als Radius wird ein Kreisbogen geschlagen und darauf der Umfang der Grundfläche abgetragen. Alle Mantellinien gehen von den jetzt festgelegten Einteilungspunkten zum Einsatzpunkt des Zirkels. Um die Abwicklung des schräg geschnittenen Kegels durchzuführen, muß man die wahre Länge der angeschnittenen Mantellinie erhalten. Alle Mantelgrenzpunkte der Mantellinien werden daher rechtwinklig zur Mittelachse auf die äußerste Mantellinie projiziert, da sie sich nur hier in der wahren Länge abbilden. Die Differenzstrecke wird mit dem Zirkel ermittelt und auf die Abwicklung übertragen. Die Verbindung dieser Punkte ist die obere Begrenzungskurve des Zylinders.

Abwicklung der Deckfläche. Sie erfolgt nach denselben Gesichtspunkten wie bei der Abwicklung der Zylinderdeckfläche in Zeichnung 42.2

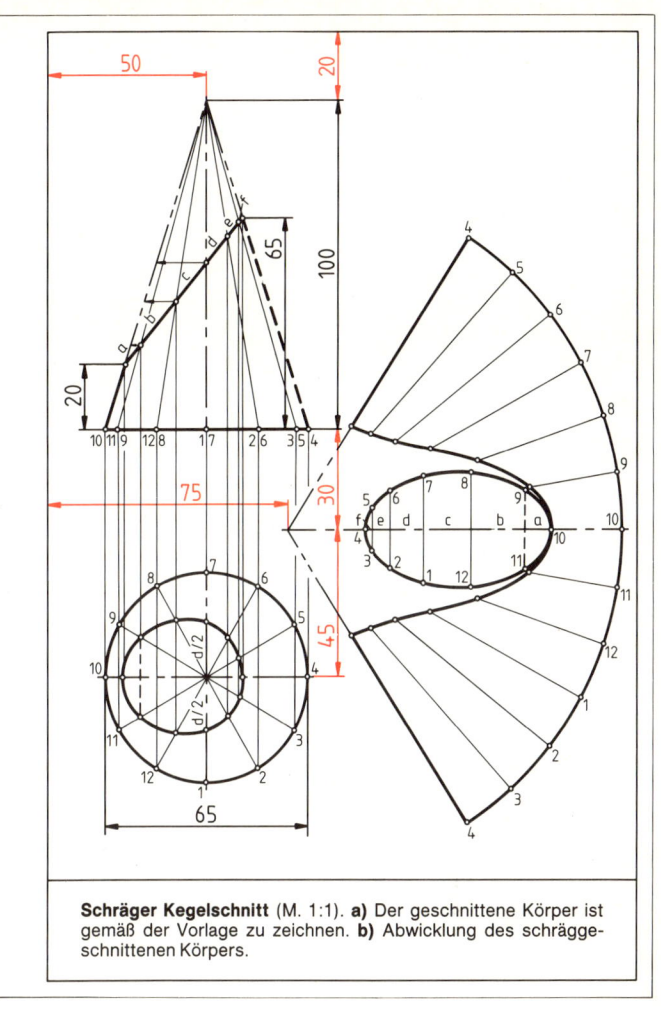

Schräger Kegelschnitt (M. 1:1). **a)** Der geschnittene Körper ist gemäß der Vorlage zu zeichnen. **b)** Abwicklung des schräggeschnittenen Körpers.

▲ 43.1 A

Aufgaben:
1. Ordnen Sie die Mantelabwicklungen A bis F den Hohlkörpern 1 bis 6 zu!

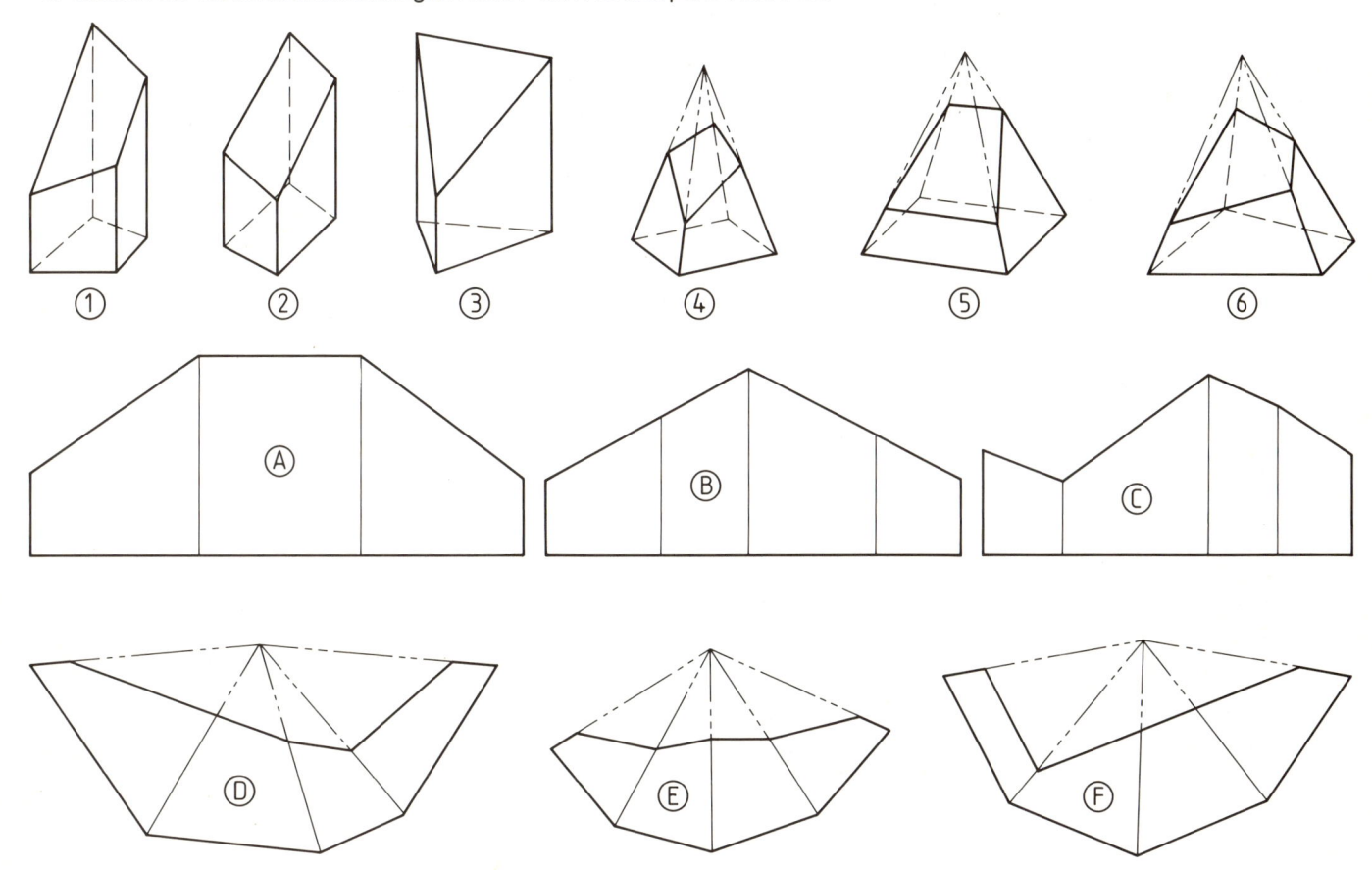

2. Ordnen Sie den geschnittenen Zylindern 1 bis 6 die richtigen Mantelabwicklungen A bis F zu!

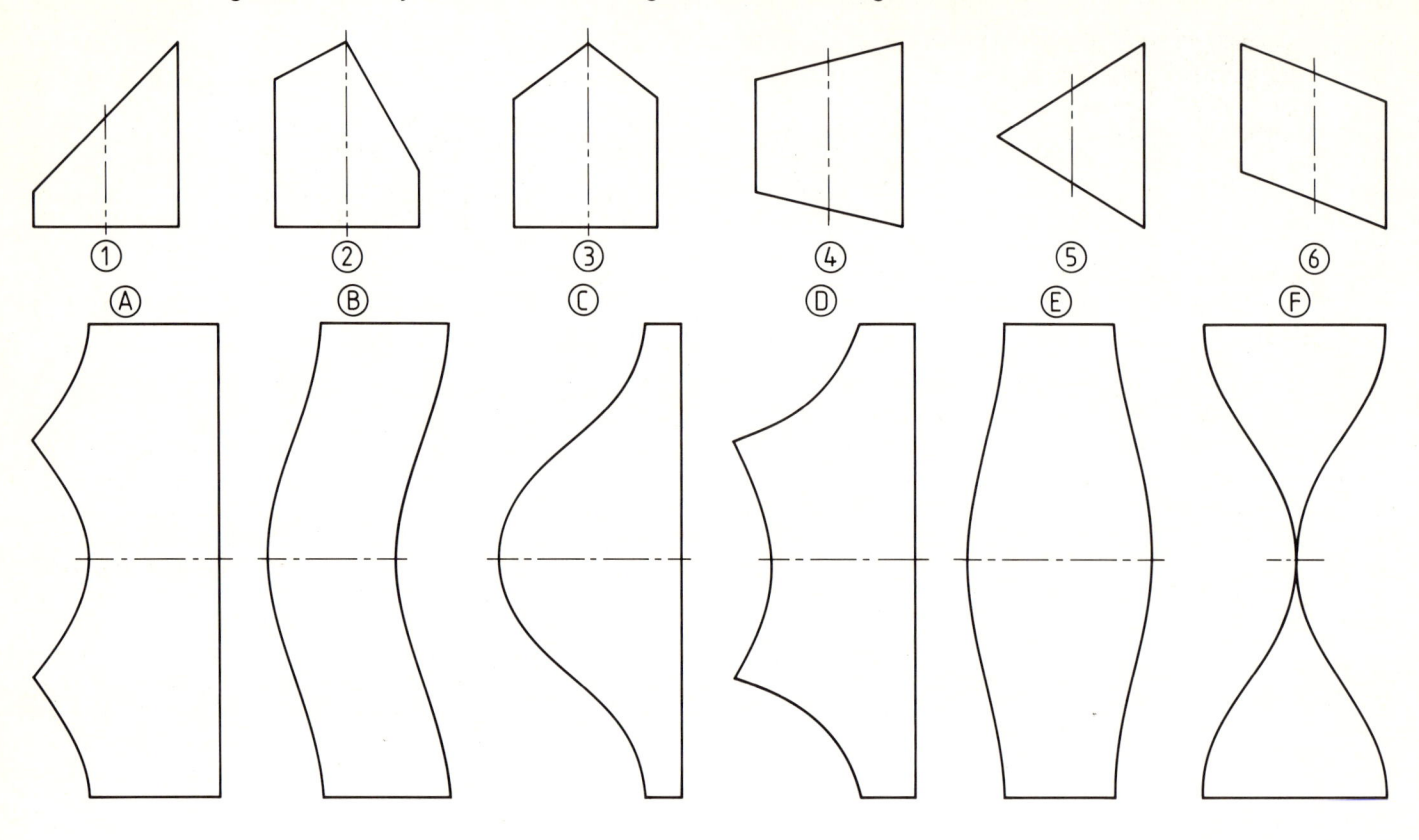

3. Ordnen Sie den Einzelteilen 1 bis 8 die richtigen Mantelabwicklungen A bis H zu!

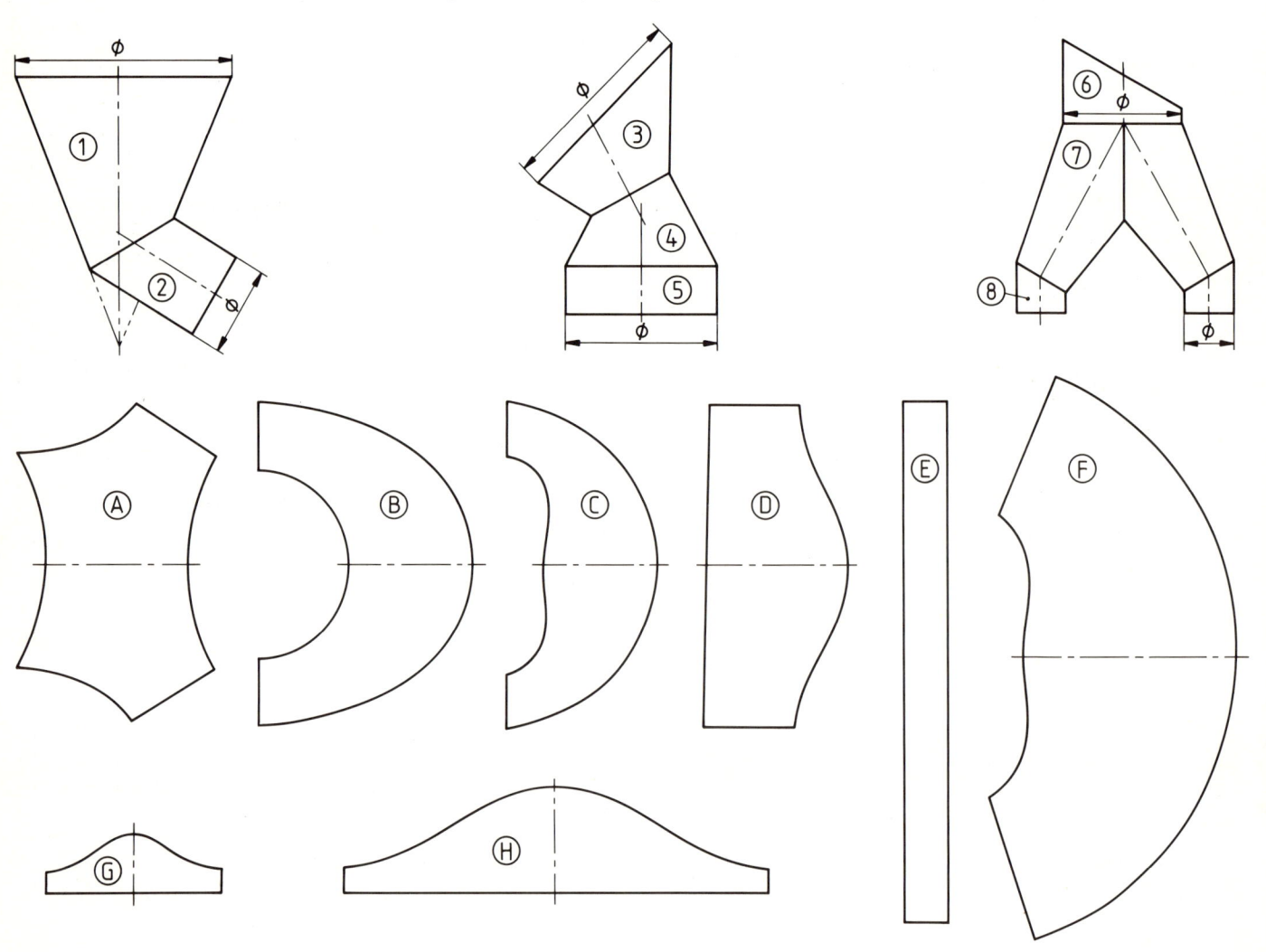

5 Anwendungsbezogene Fertigungszeichnungen

In diesem Kapitel werden zahlreiche Zeichnungen erarbeitet, die sich z. T. schon auf berufsbezogene Fertigungsarbeiten beziehen. Hierzu zählen Blecharbeiten, Verbindungstechniken, Rohre und Rohrverformungen, Montagearbeiten, Schlosser- und Schmiedearbeiten, zusammengesetzte Werkstücke u. a. Damit soll vor allem dem berufsgruppenspezifischen Teil der Grundausbildung Rechnung getragen werden.

Die Abmessung der Draufsicht ergibt sich durch die Sechserteilung des Kreises, ebenso die Seitenansicht. Die Schnittdarstellung der Zeichnung zeigt drei Fertigungsschritte:
Erst wird ein Sackloch mit $d \approx 0{,}85 \times$ Schraubenaußendurchmesser (hier 14 mm) gebohrt. Dann wird das Innengewinde gefertigt und der Bolzen eingeschraubt.
Das Nieten wurde durch das Schweißen weitgehend verdrängt. Vereinzelt wird es jedoch noch verwendet, z. B. in der Bauschlosserei. Die Zugabe z ist die Länge des Niets, die zur Bildung des Schließkopfes erforderlich ist.

5.1 Schrauben und Nieten

Zeichnung 45.1: Schrauben, Gewinde, Niete
Eine Schraube kann vereinfacht dargestellt werden, da außer der Schaftlänge alle Angaben im Verhältnis zum Durchmesser stehen.

Zeichnung 45.2: Schraubenverbindung
Bei der ersten Zeichnung handelt es sich um zwei an den Rahmen angeschweißte Flachstähle, die miteinander verschraubt sind, wodurch sie die Verbindung der beiden Rechteckprofilrahmen ergibt.

Schrauben, Gewinde, Niete (M. 1:1). Die vereinfachte Schraubendarstellung, die Herstellung eines Innengewindes und zwei Nietformen sind zu zeichnen.

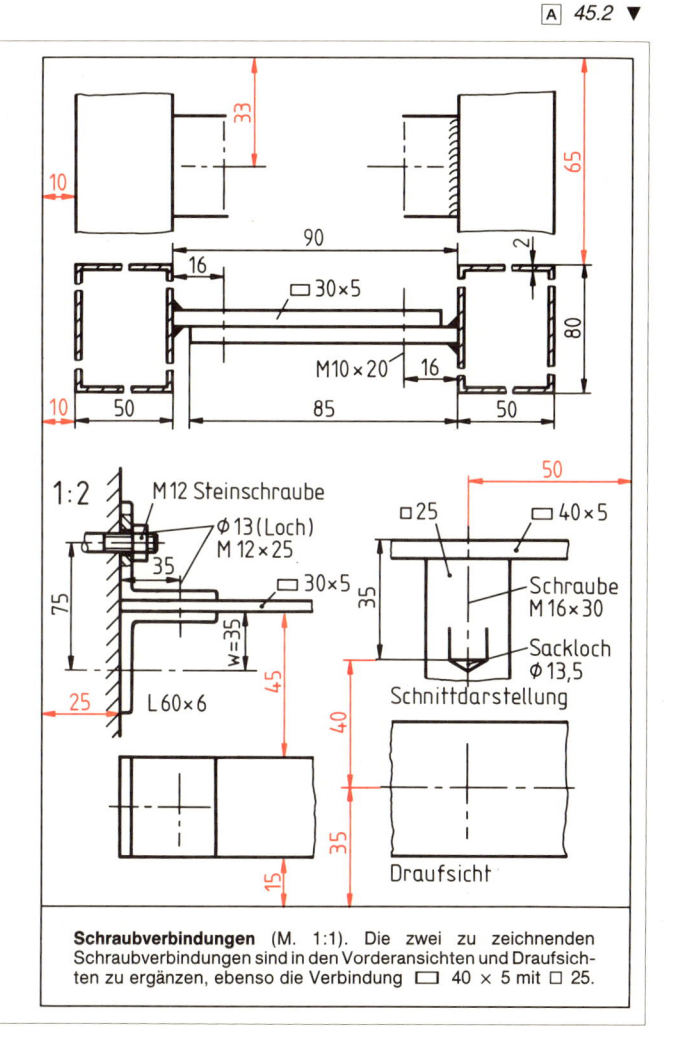

Schraubverbindungen (M. 1:1). Die zwei zu zeichnenden Schraubverbindungen sind in den Vorderansichten und Draufsichten zu ergänzen, ebenso die Verbindung ☐ 40 × 5 mit ☐ 25.

Nr.	Benennung	Sinnbild	Zeichnerische Darstellung erläuternd (bildlich)	symbolhaft (sinnbildlich)
1	Bördelnaht	⌒		
2	I-Naht	‖		
3	V-Naht	V		
4	Kehlnaht	▷		
5	Doppel-Kehlnaht	▷		
6	Doppel-Kehl- u. Kehlnaht	▷		
7	Stirnflachnaht	‖‖		
8	Flächennaht	=		
9	Flächennaht	=		
10	Punktnaht	○		
11	Liniennaht	⊖		

46.1 Schweiß- und Lötverbindungen (DIN 1912), Auswahl

Bei der zweiten Zeichnung sollen die Schrauben in der Vorderansicht, wie die Abbildung zeigt, als Teilausbruch dargestellt werden.
Die Verbindung des Flachstahles mit dem Vierkantstahl mittels einer Schraube soll als Vollschnitt dargestellt werden. In der Draufsicht ist nur der Sechskantkopf ersichtlich.

5.2 Schweißen und Löten

Darstellung von Verbindungsnähten
Verbindungen von Blechen, Rohren und Profilen werden häufig durch Schweißen oder Löten hergestellt. Die wichtigsten Bezeichnungen und Darstellungsweisen der Schweiß- und Lötnähte nach DIN 1912 zeigt Tabelle 46.1. In Werkzeichnungen Maßstab 1 : 1 wird vorzugsweise die erläuternde Darstellung angewandt. Die Nahtkennzeichnung durch Sinnbilder wird gewählt bei verkleinerter Darstellung und bei Schweißkonstruktionen mit vielen und verschiedenen Nahtformen.
Fertigungszeichnungen mit Schweißzeichen müssen eindeutig verstanden und dazu richtig angewandt werden. Dies soll mit den folgenden Aufgaben und Zeichenübungen erreicht werden.

Aufgaben:
1. Worin unterscheiden sich V-Naht und Kehlnaht in Stoßart und Sinnbild?
2. Worin unterscheidet sich das Sinnbild der Kehlnaht von dem einer Doppelkehlnaht?
3. Welche Unterschiede sind zu beachten bei den Sinnbildern von I-Naht, Stirnnaht und Flächennaht?
4. Worin unterscheidet sich die Bördelnaht von der Stirnflachnaht nach Ausführung und Sinnbild?

Zeichnung 47.1: Erläuternde Schweißnahtdarstellungen
Es werden acht verschiedene Schweißnähte in räumlicher Darstellung vorgegeben. Dazu wurden in Draufsicht und Schnitt (entspricht der Vorderansicht) die Schweißnähte gezeichnet.

Zeichnung 47.2: Symbolhafte Schweißnahtdarstellungen
Die sinnbildliche Darstellung ist als Ergänzung und zum Vergleich durchzuführen.

Schweiß- und Lötarbeiten
Bei vielen Fertigungsarbeiten sind Schweiß- oder Lötnähte auszuführen. Dies zeigt sich auch in den folgenden Abschnitten. Vorweg sollen Werkstücke mit typischen Schweiß- und Lötverbindungen gezeichnet werden.

Zeichnung 47.3: Laternengehäuse
Das Laternengehäuse soll aus gleichschenkligem Winkelstahl 20 × 20 × 3 mit den angegebenen Maßen gefertigt werden. Hauptansicht und Draufsicht sind zu zeichnen. In der Draufsicht sind die Verbindungsnähte zu ergänzen. In beiden Ansichten sind die Schweißnahtsinnbilder für I-Nähte einzutragen.

Zeichnung 47.4: Rohrbefestigung
Das Befestigungsstück wird aus 3 mm dicken Blechen, Winkelstahl 30 × 30 × 3 und aus Gewinderohr DN 25 (DIN 2440) hergestellt.
Die Zeichnung ist nach Vorgabe anzufertigen. Die Nahtsinnbilder an den Stellen A, B und C sind zu ergänzen.

	I-Naht	
	V-Naht	
	Kehlnaht	
	Doppelkehlnaht	
	Bördelnaht	
	Stirnflachnaht	
	Punktnaht	
	Flächennaht	

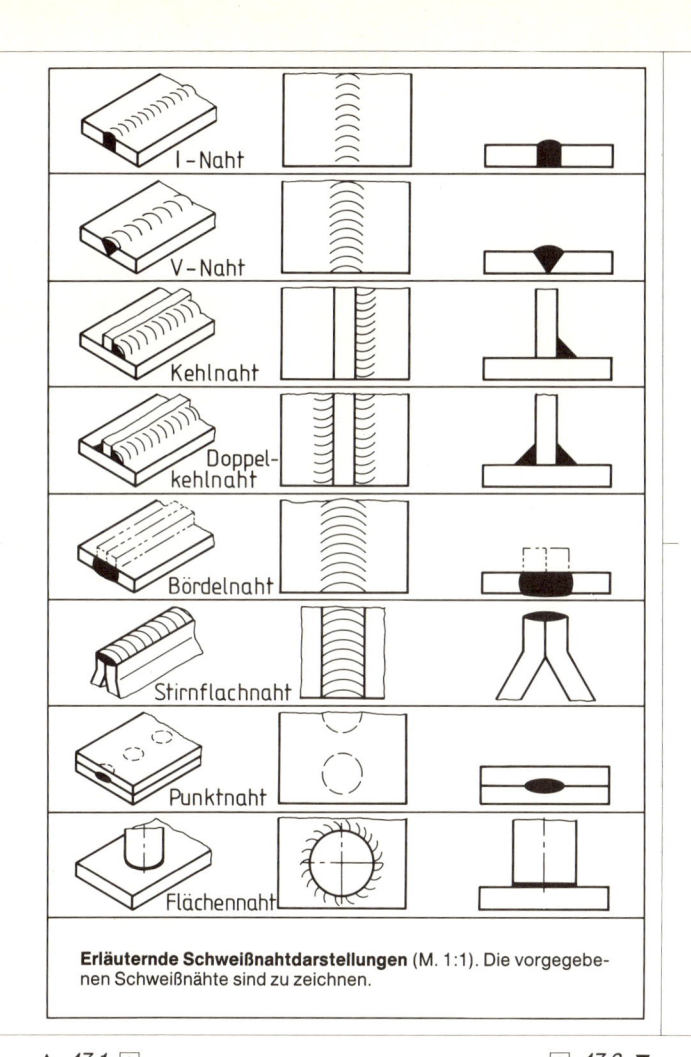

Erläuternde Schweißnahtdarstellungen (M. 1:1). Die vorgegebenen Schweißnähte sind zu zeichnen.

▲ 47.1 A

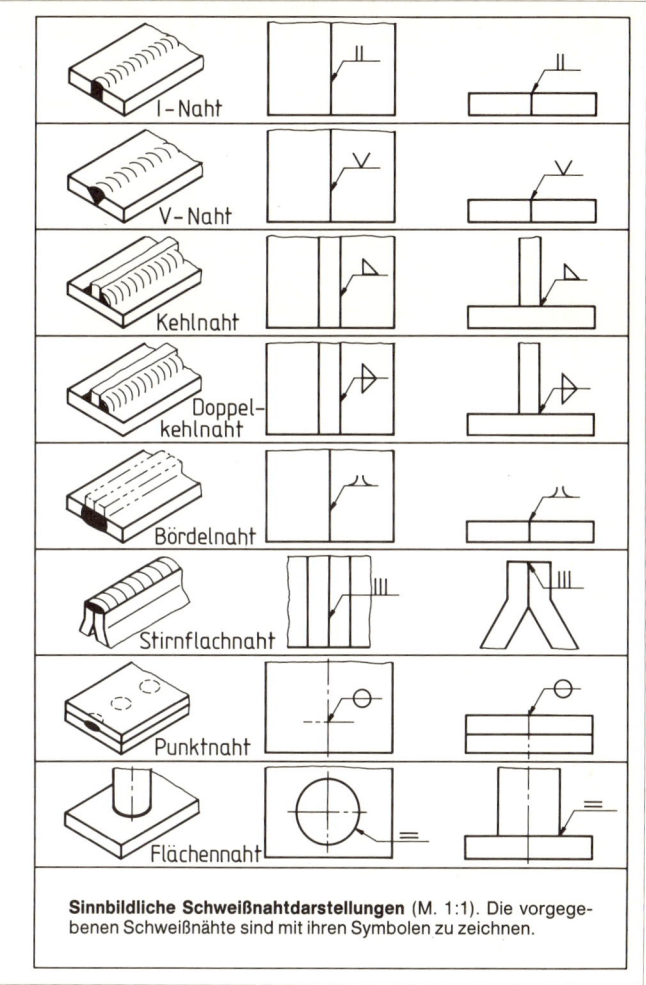

Sinnbildliche Schweißnahtdarstellungen (M. 1:1). Die vorgegebenen Schweißnähte sind mit ihren Symbolen zu zeichnen.

▲ 47.2 A   47.4 ▼

A 47.3 ▼

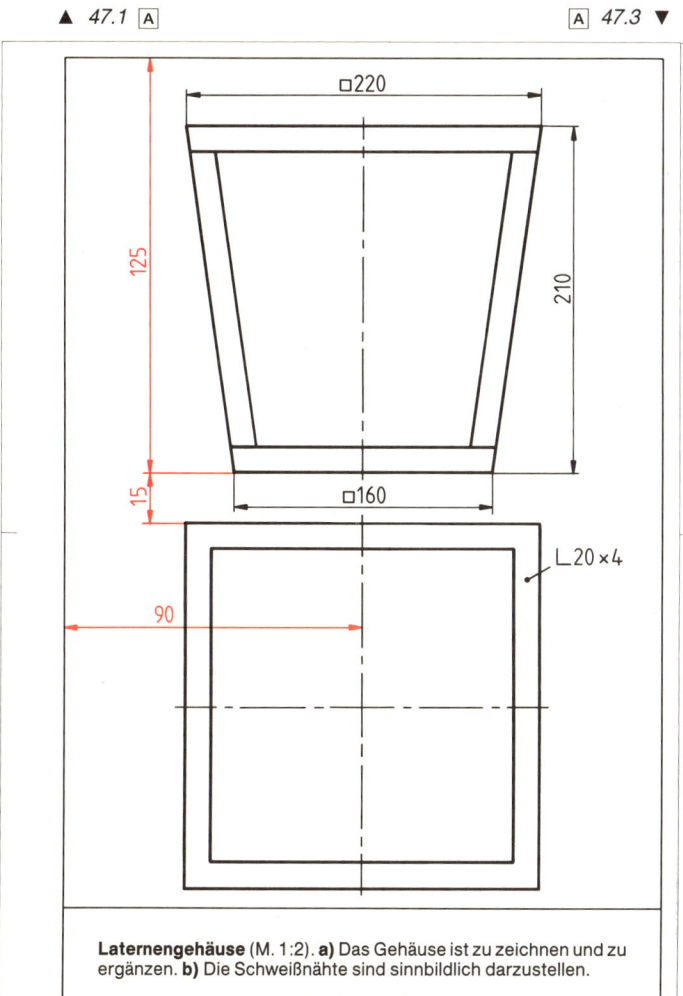

Laternengehäuse (M. 1:2). **a)** Das Gehäuse ist zu zeichnen und zu ergänzen. **b)** Die Schweißnähte sind sinnbildlich darzustellen.

Ⓐ Doppelkehlnaht
Ⓑ Flächennaht
Ⓒ Kehlnaht

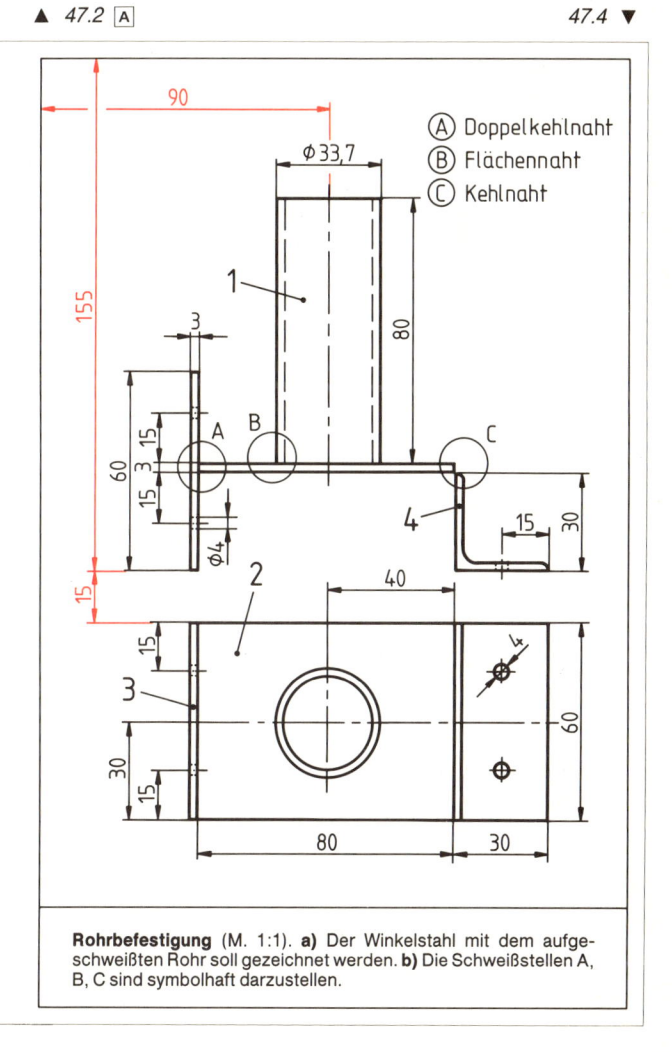

Rohrbefestigung (M. 1:1). **a)** Der Winkelstahl mit dem aufgeschweißten Rohr soll gezeichnet werden. **b)** Die Schweißstellen A, B, C sind symbolhaft darzustellen.

liegender Falz	Falzarten	stehender Falz
einfacher Falz		einfacher Stehfalz
doppelter Falz		doppelter Stehfalz

Längsnaht	Falznähte	Quernaht
nach außen durchgesetzt		einfacher Bördelfalz
nach innen durchgesetzt		Bördelfalz umgeschlagen

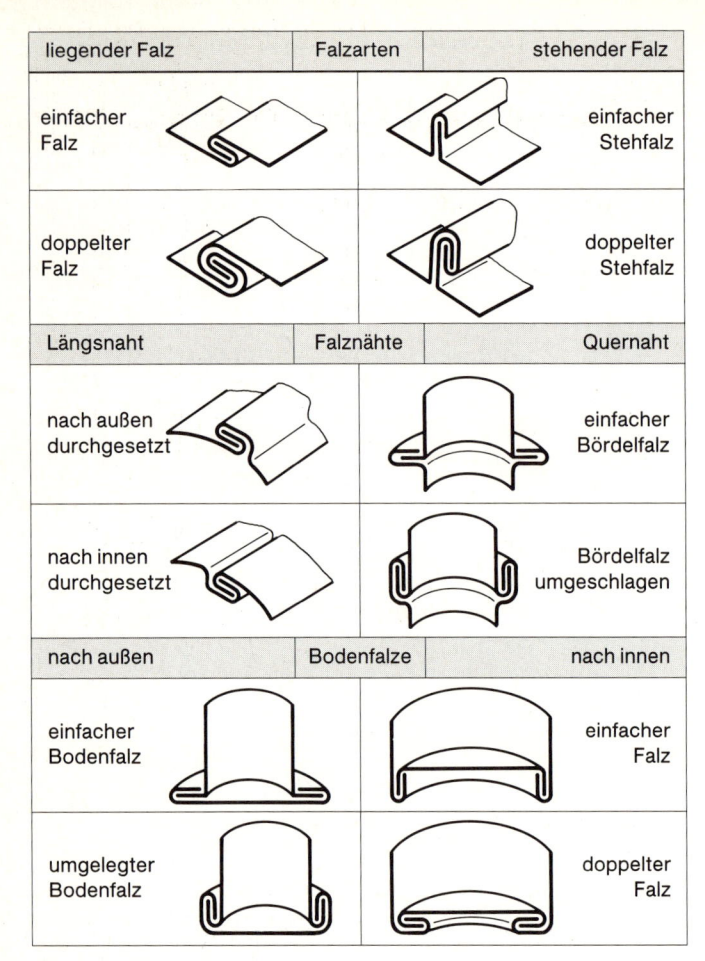

nach außen	Bodenfalze	nach innen
einfacher Bodenfalz		einfacher Falz
umgelegter Bodenfalz		doppelter Falz

48.1 *Falzarten und Falznähte*

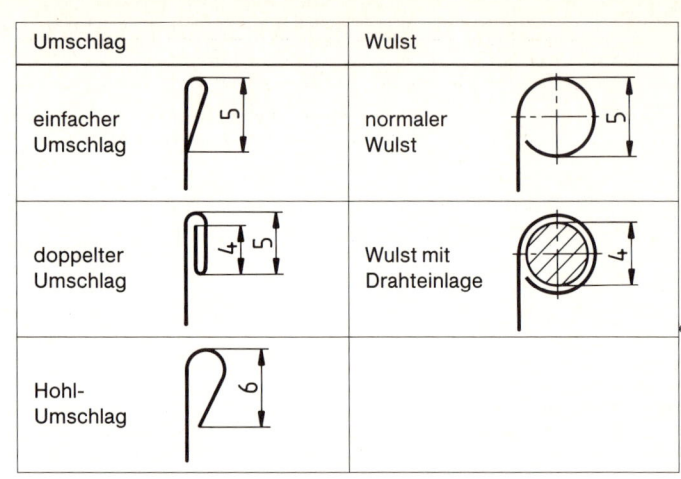

Umschlag		Wulst	
einfacher Umschlag		normaler Wulst	
doppelter Umschlag		Wulst mit Drahteinlage	
Hohl-Umschlag			

48.2 *Randversteifungen*

5.3 Blecharbeiten

Dünne Bleche werden zur Herstellung von Gefäßen, Behältern, Rohren und Kanälen verwendet. Längs-, Quer- und Bodennähte werden dann fast durchweg als Falzverbindungen ausgeführt.
Die häufigsten Falzarten und Falznähte zeigt die Tabelle 48.1
Beachten Sie:
- Längsnähte werden stets mit liegenden Falzen ausgeführt. Der Falz kann außen oder innen durchgesetzt sein.
- Bei Quernähten ist der umgeschlagene Falz die Regel.
- Bodenfalze werden meist nach außen umgelegt.
- Nach innen umgelegte Bodenfalze kommen für Gefäße in Betracht.

Gefäße und offene Behälter erhalten häufig eine Randversteifung. Beispiele für Ausführungsarten zeigt die Tabelle 48.2

Zeichnung 48.3: Schmiermittelbehälter
Dieser Behälter besteht aus zwei Teilen: aus einem oben offenen stehenden Zylinder und einem Trichter. Zylindermantel und Boden sind durch den umgelegten Bodenfalz miteinander verbunden. Der obere Rand ist umbördelt. In den Zylinder wird ein Trichter (waagerecht geschnittener Kegel) mit einem Ansatz eingehängt.

Zeichnung 49.1: Blechkasten
Der Kasten mit Kantenhöhe 20 mm und 8 mm Umschlag nach außen ist als Abwicklung gegeben und zu übertragen. Alle Fertigungsabstände sind zu bemaßen.

Zeichnung 49.2: Rohrhülse mit Kapsel
Die längsgefalzte Rohrhülse ist oben umgekantet. Der Boden ist durch den umgelegten Bodenfalz mit dem Rohr verbunden. Das Rohr ist durch die Kapsel abgedeckt. Die Kapsel besteht aus der Manschette und dem Boden, die mittels einfachem Bodenfalz verbunden sind. Zeichnen Sie die Rohrhülse mit Kapsel als Halbschnitt ab, und ergänzen Sie die Draufsicht.

Zeichnung 49.3: Getränkegießbehälter
Für das rechteckige Gefäß werden Schmalseiten (Teil 1) und Boden (Teil 2) als ein Blechzuschnitt mit den Breitseiten (Teil 3) durch Eckfalze verbunden. Gefäßkanten und Griff erhalten einen Wulst mit Drahteinlage.

Aufgabe 49.4: Formstücke eines Lüftungskanals
Ein gefalzter rechteckiger Krümmer soll mittels eines Übergangsstückes auf ein Sockelknie mit rundem Querschnitt übergeführt werden.

▼ 48.3

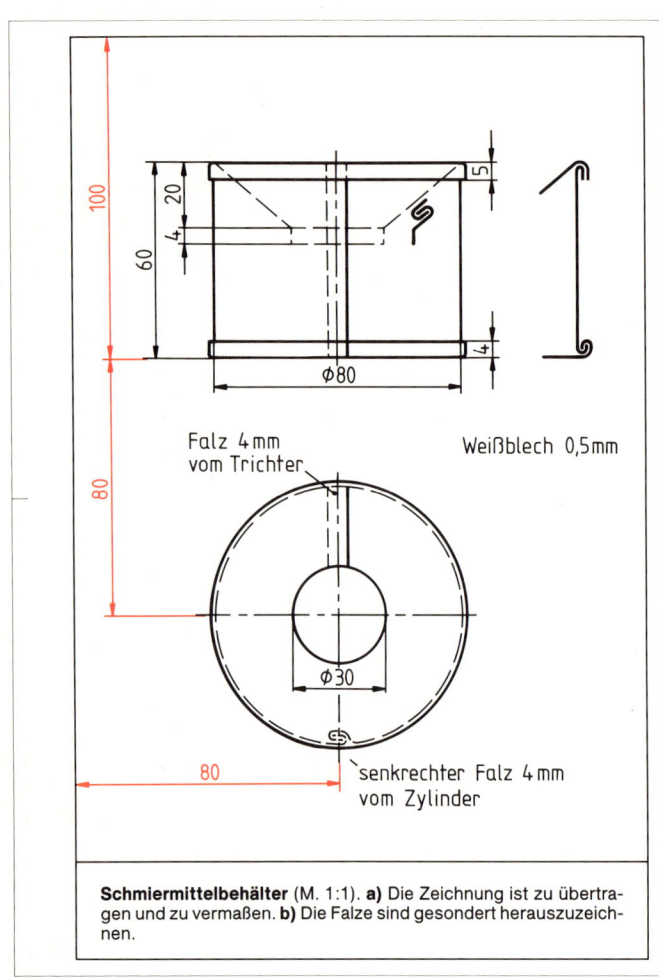

Schmiermittelbehälter (M. 1:1). **a)** Die Zeichnung ist zu übertragen und zu vermaßen. **b)** Die Falze sind gesondert herauszuzeichnen.

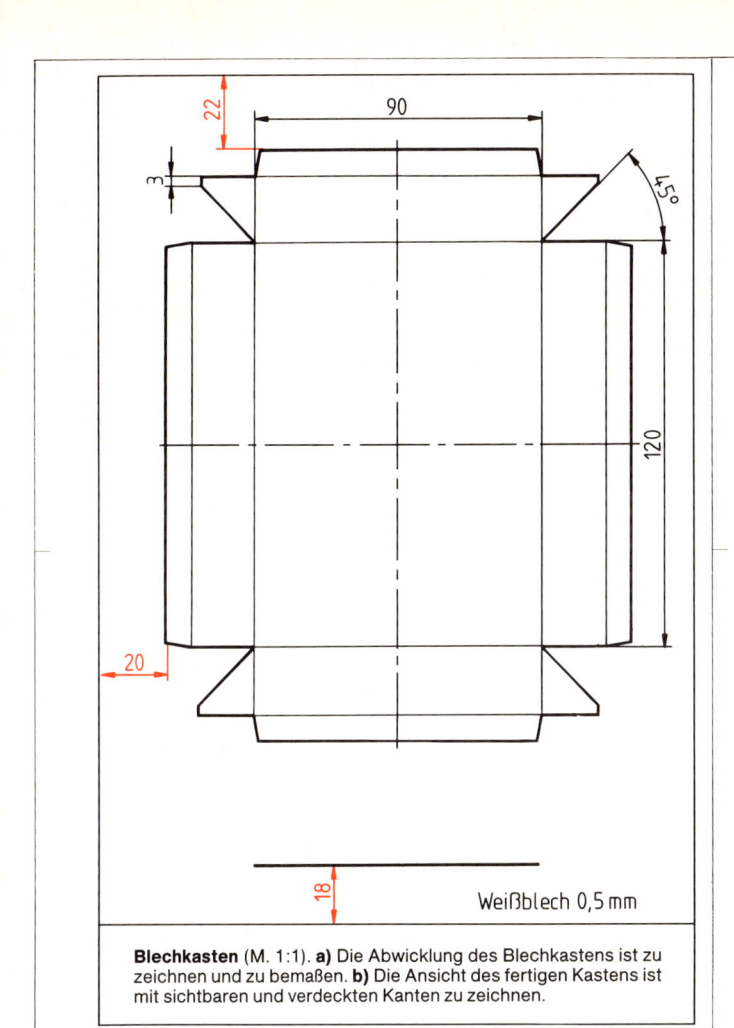

Blechkasten (M. 1:1). **a)** Die Abwicklung des Blechkastens ist zu zeichnen und zu bemaßen. **b)** Die Ansicht des fertigen Kastens ist mit sichtbaren und verdeckten Kanten zu zeichnen.

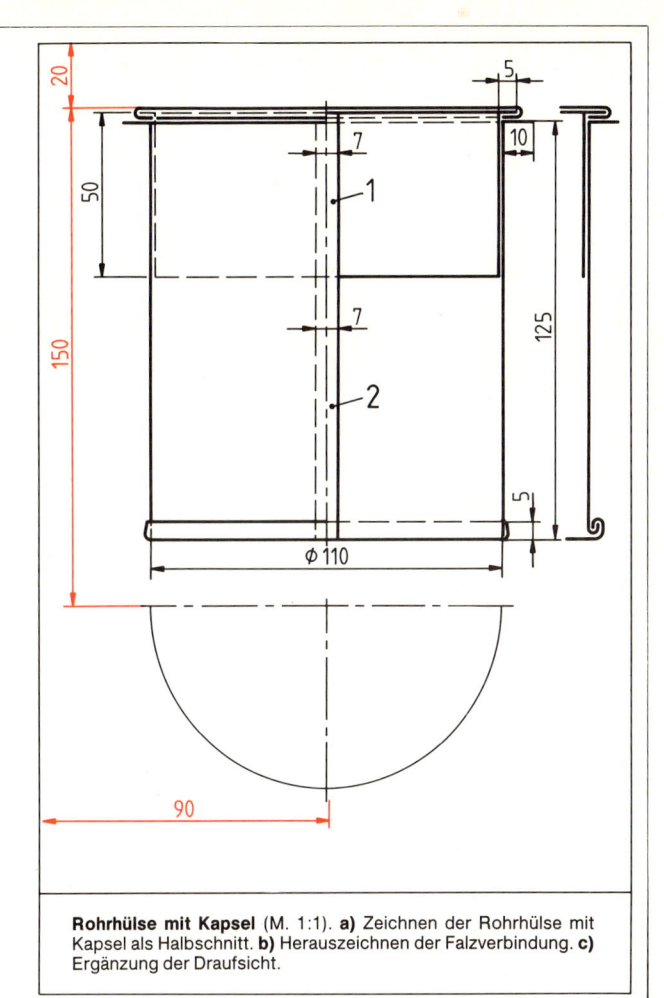

▲ 49.1 Ⓐ   49.3 ▼

Rohrhülse mit Kapsel (M. 1:1). **a)** Zeichnen der Rohrhülse mit Kapsel als Halbschnitt. **b)** Herauszeichnen der Falzverbindung. **c)** Ergänzung der Draufsicht.

▲ 49.2 Ⓐ   49.4 ▼

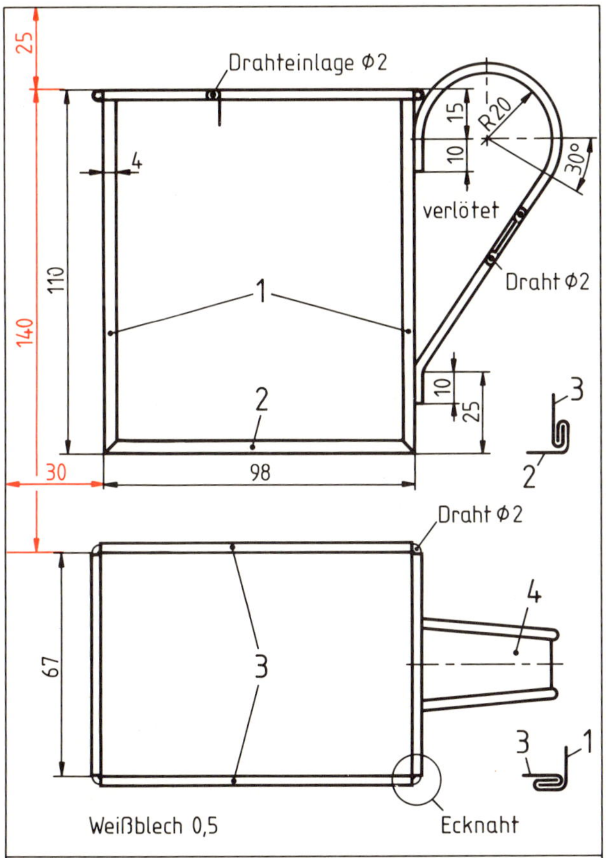

Getränkegießbehälter (M. 1:1). Die Ansicht und Draufsicht sind zu zeichnen. (Als weitere Zusatzaufgabe kann man die Abwicklungen der Teile 1 bis 4 durchführen.)

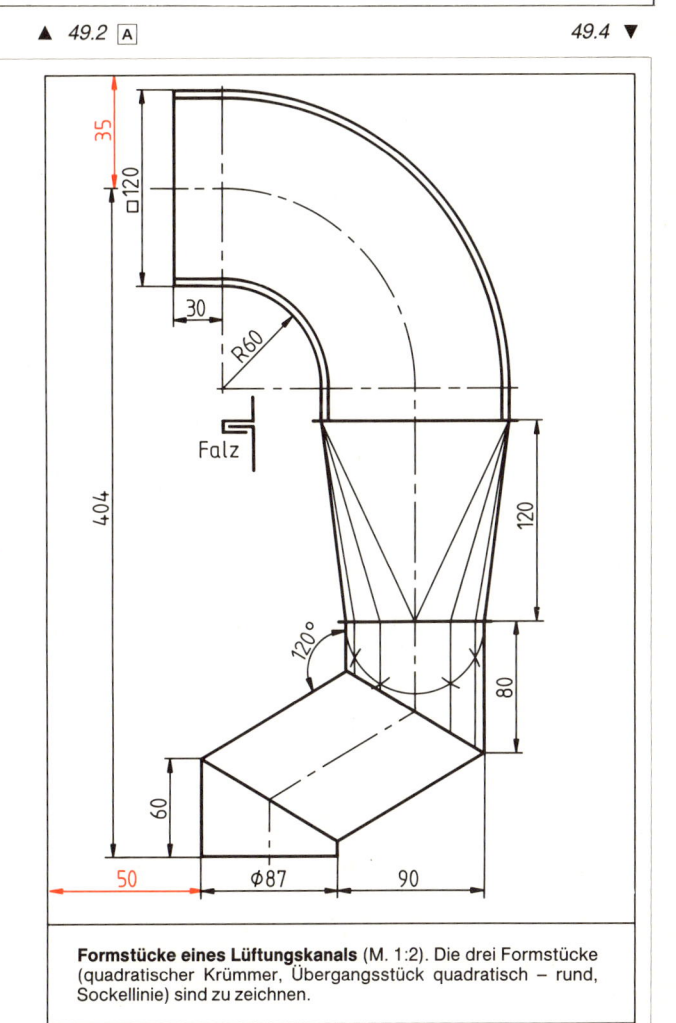

Formstücke eines Lüftungskanals (M. 1:2). Die drei Formstücke (quadratischer Krümmer, Übergangsstück quadratisch – rund, Sockellinie) sind zu zeichnen.

49

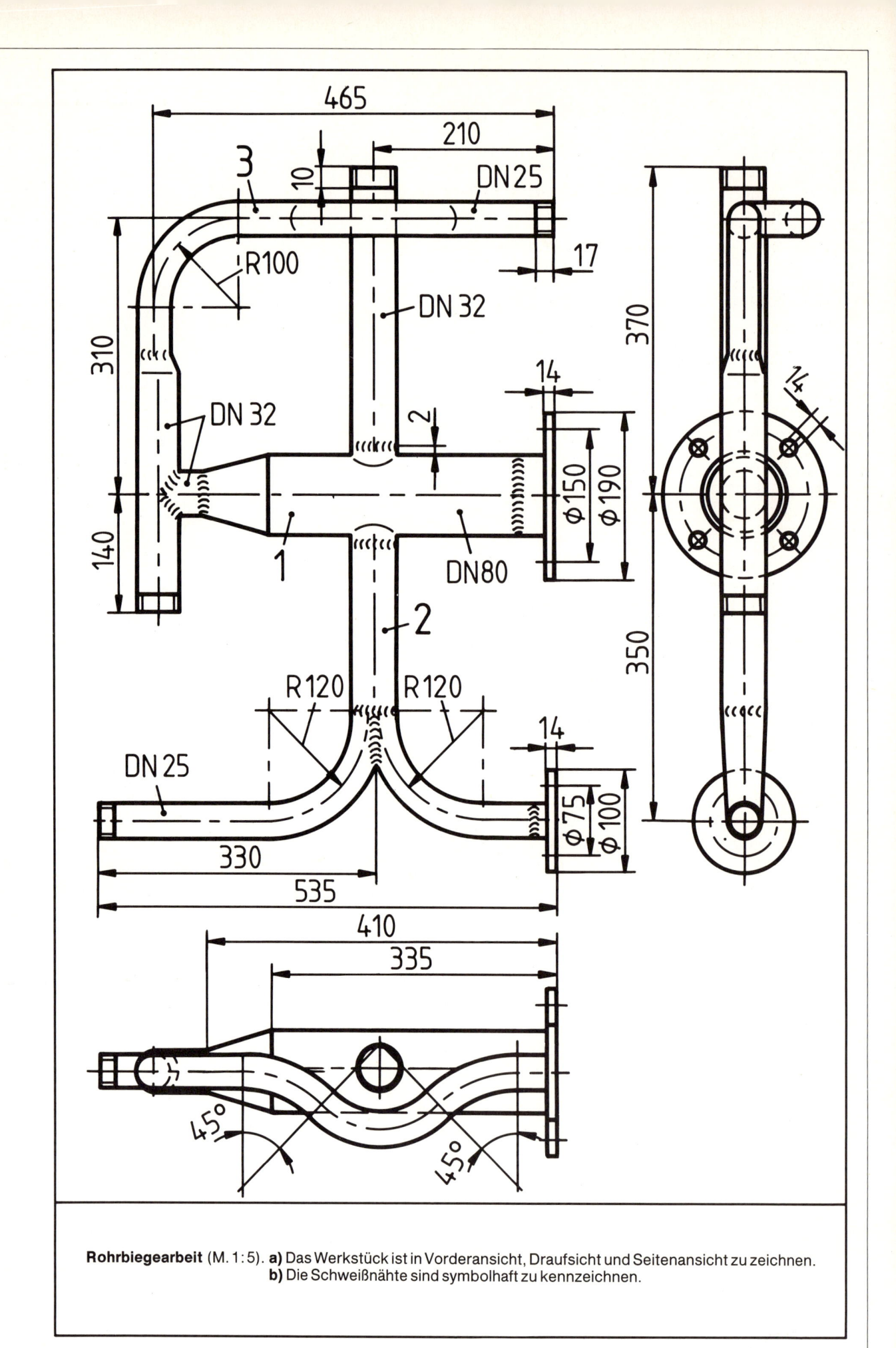

Rohrbiegearbeit (M. 1:5). **a)** Das Werkstück ist in Vorderansicht, Draufsicht und Seitenansicht zu zeichnen.
b) Die Schweißnähte sind symbolhaft zu kennzeichnen.

▲ 50.1

5.4 Rohre – Rohrumformung

Montagearbeiten (z. B. Verlegen, Befestigen), Rohrumformungen (z. B. Biegen, Aufweiten, Einziehen, Einschweißen) und Rohrverbindungen (z. B. Schweißen, Löten, Flanschen, Verschraubungen, Kleben) gehören zu den wichtigsten Tätigkeitsbereichen des Installateurs und Zentralheizungsbauers.

Zeichnung 50.1: Rohrbiegearbeit
Dieses in drei Ansichten dargestellte Werkstück umfaßt viele Tätigkeiten und Bauteile des Rohrleitungsbaus: 90°-Bogen, Hosenstück, Etagenbogen, Einzieharbeit (exzentrisch und konzentrisch), Einschweißung, Gewindedarstellung, Flanschanschluß.

Zeichnung 51.1: Rohrdarstellung
Die Zeichnung zeigt Gewinderohre (DIN 2440) ohne bzw. mit Whitworth-Rohrgewinde (DIN 2999), bei dem das Innengewinde zylindrisch, das Außengewinde kegelig (1:16) geschnitten wird. Abmessungen siehe Tab. 53.1.

Zeichnung 51.2: Rohrbogen
Ein in zwei verschiedenen Zeichenebenen dargestellter Rohrbogen ist in drei Ansichten darzustellen. Mittels eines gebogenen Drahtstückes kann man die räumliche Darstellung besser veranschaulichen.

Zeichnung 51.3: Flanschbogen
Die Darstellung des Bogens soll anhand der gegebenen Drauf- und Seitenansicht durch die Vorderansicht ergänzt werden. Die Rohrnennweite ist DN 150 (Tab. 53.2). Die Flanschen sind hier sehr vereinfacht dargestellt (genauere Angaben über Ausführung und Abmessungen siehe Tab. 53.4 mit Abbildung 53.1).

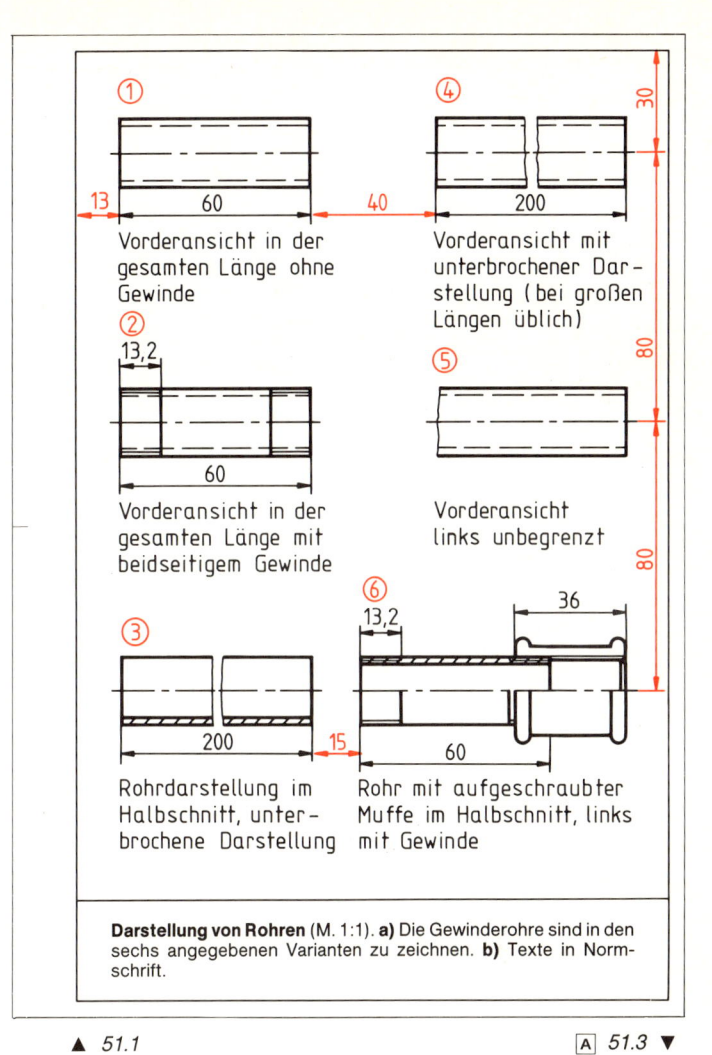

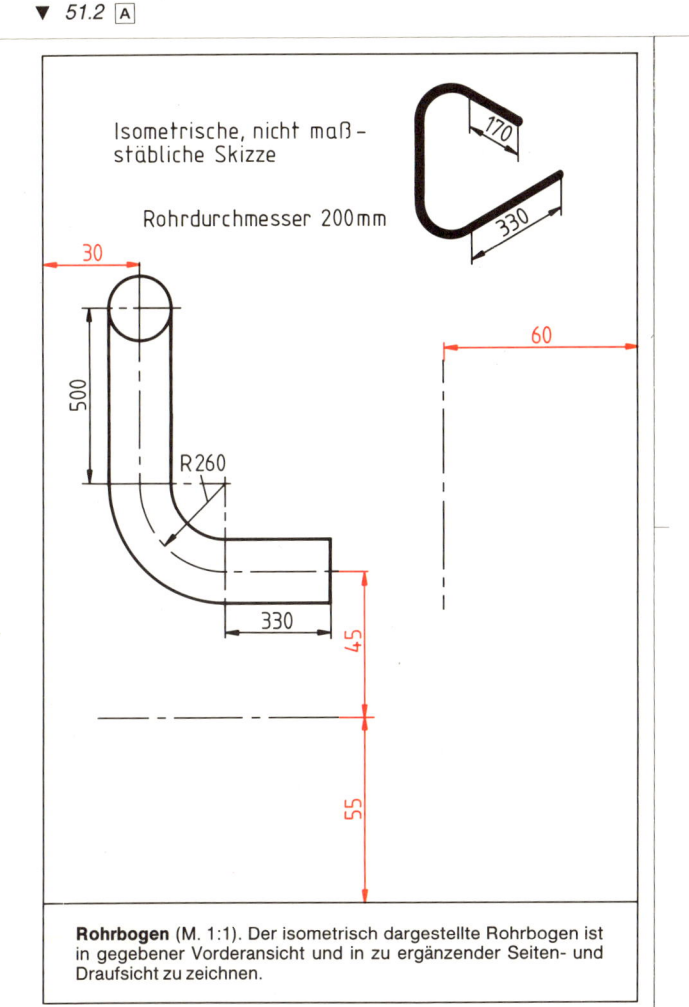

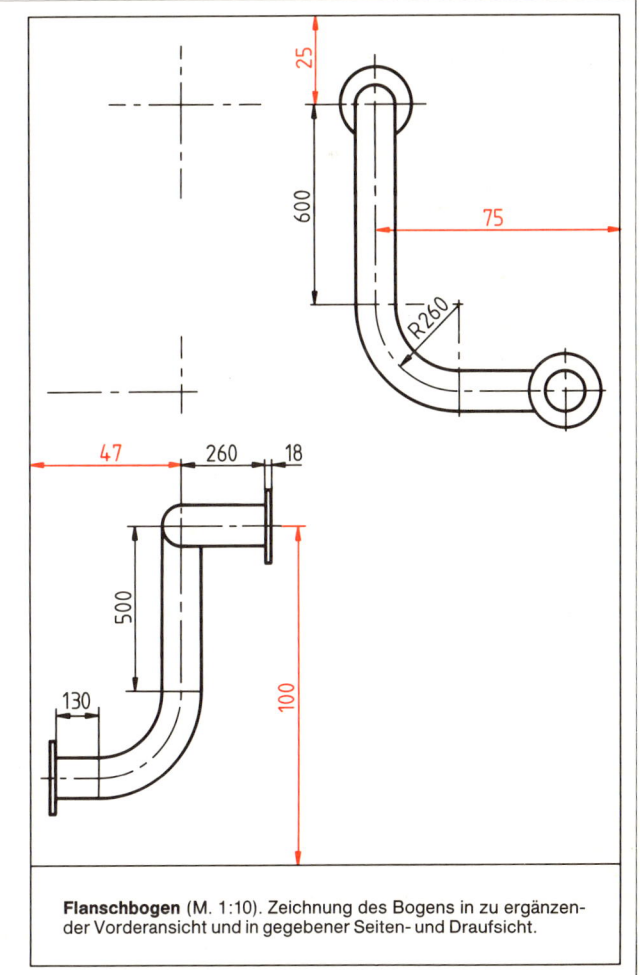

▼ 51.2 A

① Vorderansicht in der gesamten Länge ohne Gewinde
② Vorderansicht in der gesamten Länge mit beidseitigem Gewinde
③ Rohrdarstellung im Halbschnitt, unterbrochene Darstellung
④ Vorderansicht mit unterbrochener Darstellung (bei großen Längen üblich)
⑤ Vorderansicht links unbegrenzt
⑥ Rohr mit aufgeschraubter Muffe im Halbschnitt, links mit Gewinde

Darstellung von Rohren (M. 1:1). **a)** Die Gewinderohre sind in den sechs angegebenen Varianten zu zeichnen. **b)** Texte in Normschrift.

▲ 51.1

A 51.3 ▼

Rohrbogen (M. 1:1). Der isometrisch dargestellte Rohrbogen ist in gegebener Vorderansicht und in zu ergänzender Seiten- und Draufsicht zu zeichnen.

Isometrische, nicht maßstäbliche Skizze
Rohrdurchmesser 200 mm

Flanschbogen (M. 1:10). Zeichnung des Bogens in zu ergänzender Vorderansicht und in gegebener Seiten- und Draufsicht.

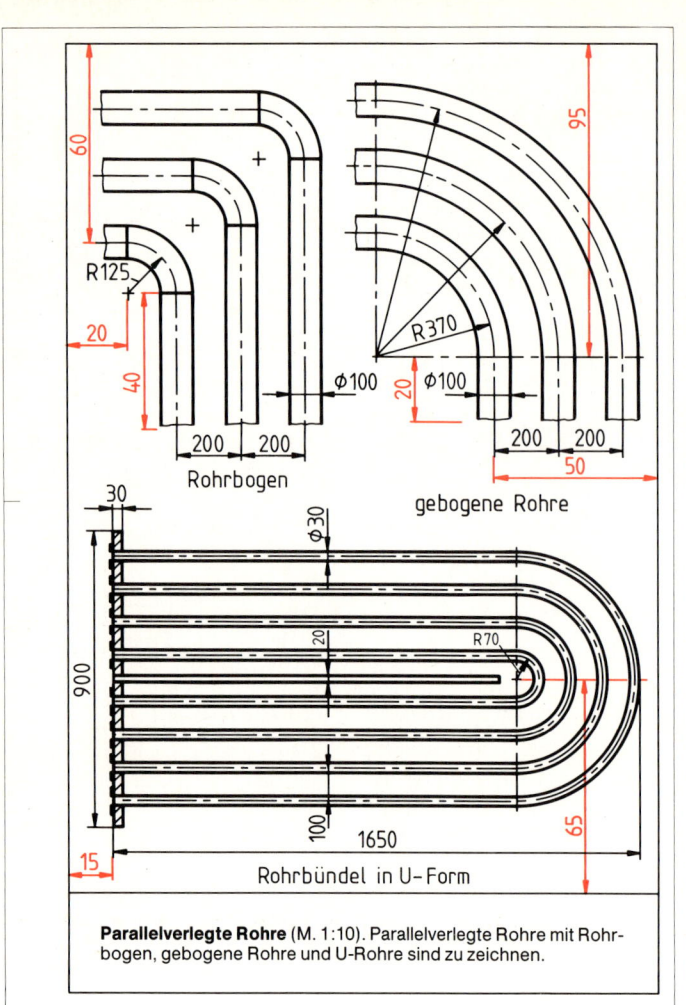

Zeichnung 52.1: Parallelverlegte Rohre
Bei Richtungsänderungen werden Rohrbogen mit vorgegebenem Radius eingeschweißt oder man biegt die Rohre.

Zeichnung 52.2: Etagen- und Überbogen
In der linken Abbildung soll ein Rohr mit 90°-Bogen und einer Etage dargestellt werden. Der Achsenabstand (Vorsprung) ist das eigentliche Etagenmaß. Der Etagenbogen setzt sich hier aus zwei 45°-Bogen ohne Zwischenstück zusammen. Der Biegemittelpunkt M richtet sich nur nach dem Etagenmaß.
In der rechten Abbildung kreuzen sich zwei Rohre mit gleichem Wandabstand. Der Überbogen setzt sich aus zwei 45°- und einem 90°-Bogen zusammen, wobei letzrer zuerst gebogen wird. Der lichte Abstand der beiden Rohre und demnach auch die Ausbiegeweite A richtet sich vor allem nach der Dicke der Wärmedämmung. (In Punkt M mit der Zeichnung beginnen.)

Zeichnung 52.3: Etagenrohre
Vor einem Mauervorsprung soll zunächst eine Etage aus Blechrohr gezeichnet werden (Durchmesser, Winkel und Radien liegen nach DIN fest). Der Punkt M und das Zwischenstück ergeben sich aus Radius und Wandabstand. Bei der Parallelverlegung muß jeweils auf den Winkel (hier 45°) und auf den gleichmäßigen Abstand (abhängig von der Dicke der Wärmedämmung) geachtet werden.

Zeichnung 53.3: Rohrbogen mit Anschlußrohr
Hier soll ein Gewinderohr DN 32 mit zwei Bogen in unterschiedlichen Ebenen in ein Stahlrohr DN 80 eingeschweißt werden. Die fehlenden Abmessungen sind den folgenden Tabellen zu entnehmen.

Parallelverlegte Rohre (M. 1:10). Parallelverlegte Rohre mit Rohrbogen, gebogene Rohre und U-Rohre sind zu zeichnen.

▲ 52.1   52.2 ▼   52.3 ▼

Etagen und Überbogen (M. 1:1). Beide Rohrbiegearbeiten sind nach Vorlage zu zeichnen. Schweißnaht einzeichnen.

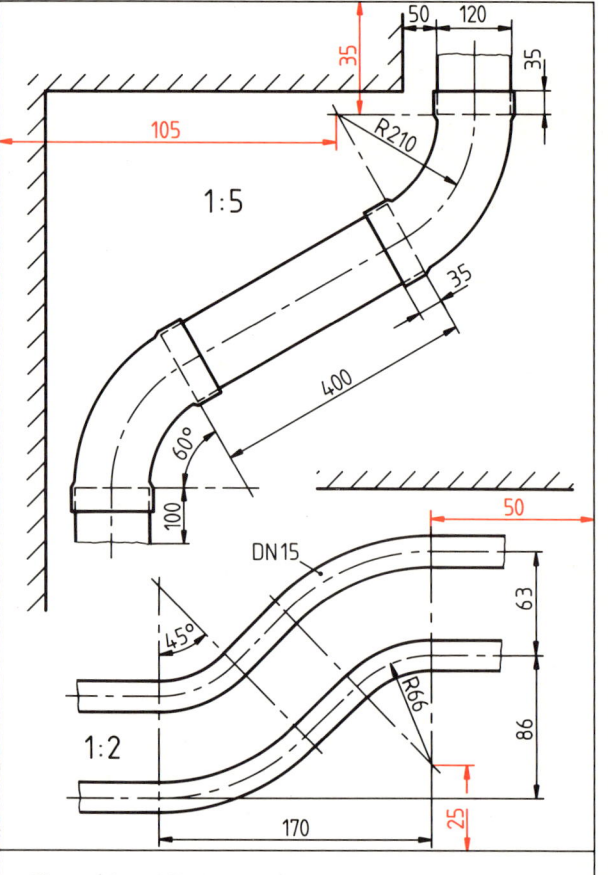

Etagenrohre. a) Zeichnen des Etagenrohres mit Andeutung des Mauervorsprungs M. 1:5. **b)** Zeichnung der zwei Etagenrohre M. 1:2.

Mittelschwere Gewinderohre (DIN 2440)						
Nennweite DN	10	15	20	25	32	40
Whitworth-Rohrgewinde	R3/8	R1/2	R3/4	R 1	R1¼	R1½
Außen∅	17,2	21,3	26,9	33,7	42,4	48,3
Wanddicke	2,35	2,65	2,65	3,25	3,25	3,25
Gewindelänge	10,1	13,2	14,5	16,8	19,1	19,1
Nahtlose Stahlrohre (DIN 2448)							
Nennweite DN	40	40	50	50	50	65	65	80
Außen∅	44,5	48,3	57	63,5	70	76,1	82,5	88,9
Wanddicke	2,6	2,6	2,9	2,9	2,9	2,9	3,2	3,2
Nennweite DN	100	100	125	125	150	150	200	250
Außen∅	108	114,3	133	139,7	159	168,3	219,1	273
Wanddicke	3,6	3,6	4,0	4,0	4,5	4,5	6,3	6,3
Rohrbogen zum Einschweißen (DIN 2605)							
Nennweite DN	32	40	50	65	80	100	125	150
Außen∅	38	44,5	57	76,1	88,9	108	133	159
Wanddicke	2,6	2,6	2,9	2,9	3,2	3,6	4,0	4,5
Biegeradius	45	51	72	95	114,5	142,5	181	216

53.1 Rohre und Rohrbogen, Abmessungen in mm

Rohranschluß		Flansch				Ansatz				Dichtleiste	
DN	d_1*	D	b	k	h_1	d_3*	s	h_2	r	d_4	f
25	33,7	100	14	75	35	42	2,6	6	4	60	2
	30					40					
32	42,4	120	14	90	35	55	2,6	6	6	70	2
	38					50					
40	48,3	130	14	100	38	62	2,6	7	6	80	3
	44,5					58					
50	60,3	140	14	110	38	74	2,9	8	8	90	3
	57					70					
60	76,1	160	14	130	38	88	2,9	9	8	110	3
	—					—					
80	88,9	190	16	150	42	102	3,2	10	8	128	3
	—					—					
100	114,3	210	16	170	45	130	3,6	10	8	148	3
	108					122					
125	139,7	240	18	200	48	155	4	10	8	178	3
	133					148					
150	168,3	265	18	225	48	184	4,5	12	10	202	3
	159					172					
200	219,1	320	20	280	55	236	5,9	15	10	258	3
	—					—					

* Erste Zahl: Reihe 1 (international); zweite Zahl: Reihe 2
Alle Maße in mm!

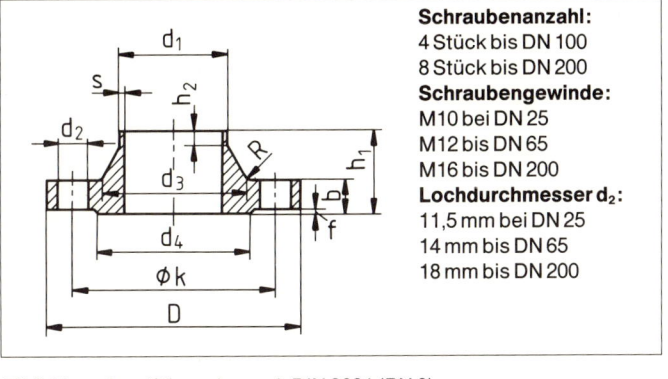

Schraubenanzahl:
4 Stück bis DN 100
8 Stück bis DN 200
Schraubengewinde:
M10 bei DN 25
M12 bis DN 65
M16 bis DN 200
Lochdurchmesser d_2:
11,5 mm bei DN 25
14 mm bis DN 65
18 mm bis DN 200

53.2 Vorschweißflansche nach DIN 2631 (PN 6)

Zeichnung 53.4: Rohrverteiler

Die unterschiedlichen Abmessungen bei Rohrstutzen ergeben sich durch folgende Forderungen: Die Handräder sollen auf gleicher Höhe liegen (die Höhen der Flanschenabsperrventile sind unterschiedlich), und die Flanschabstände (hier 200 mm) sollen nach Einbau der Wärmedämmung gleich sein (die Dicken der Wärmedämmschichten sind unterschiedlich).

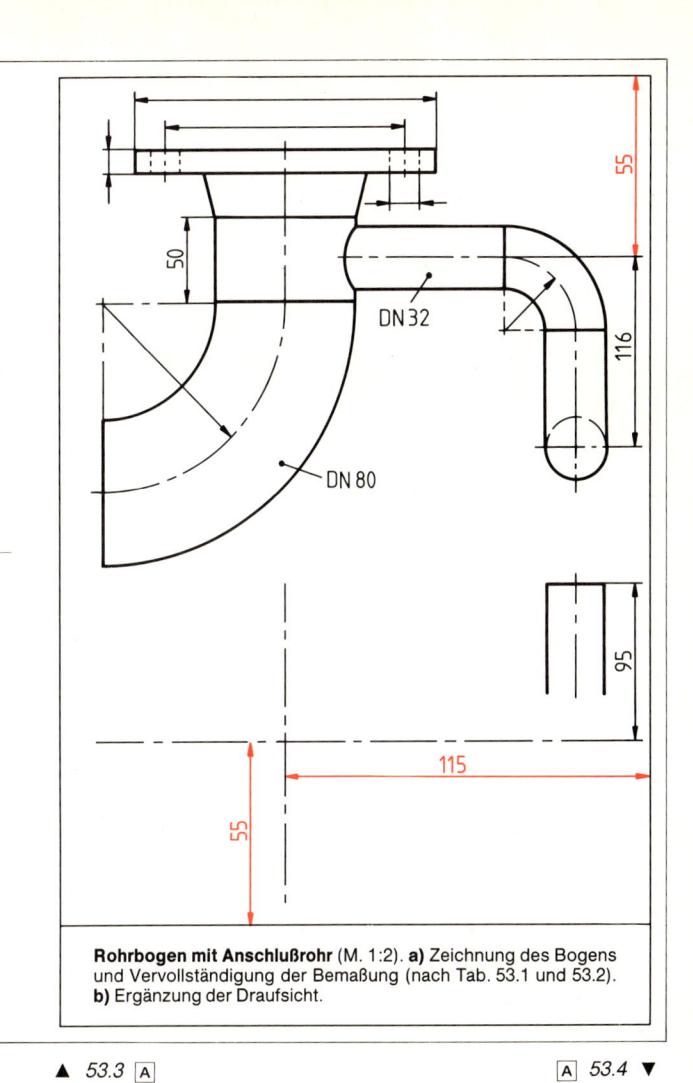

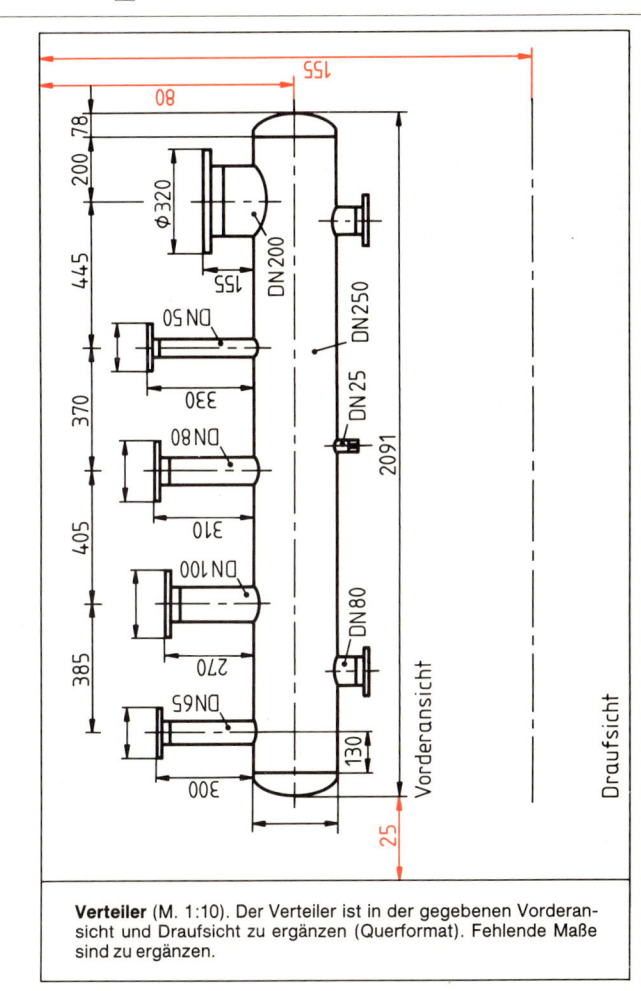

Rohrbogen mit Anschlußrohr (M. 1:2). **a)** Zeichnung des Bogens und Vervollständigung der Bemaßung (nach Tab. 53.1 und 53.2). **b)** Ergänzung der Draufsicht.

▲ 53.3   A   A 53.4 ▼

Verteiler (M. 1:10). Der Verteiler ist in der gegebenen Vorderansicht und Draufsicht zu ergänzen (Querformat). Fehlende Maße sind zu ergänzen.

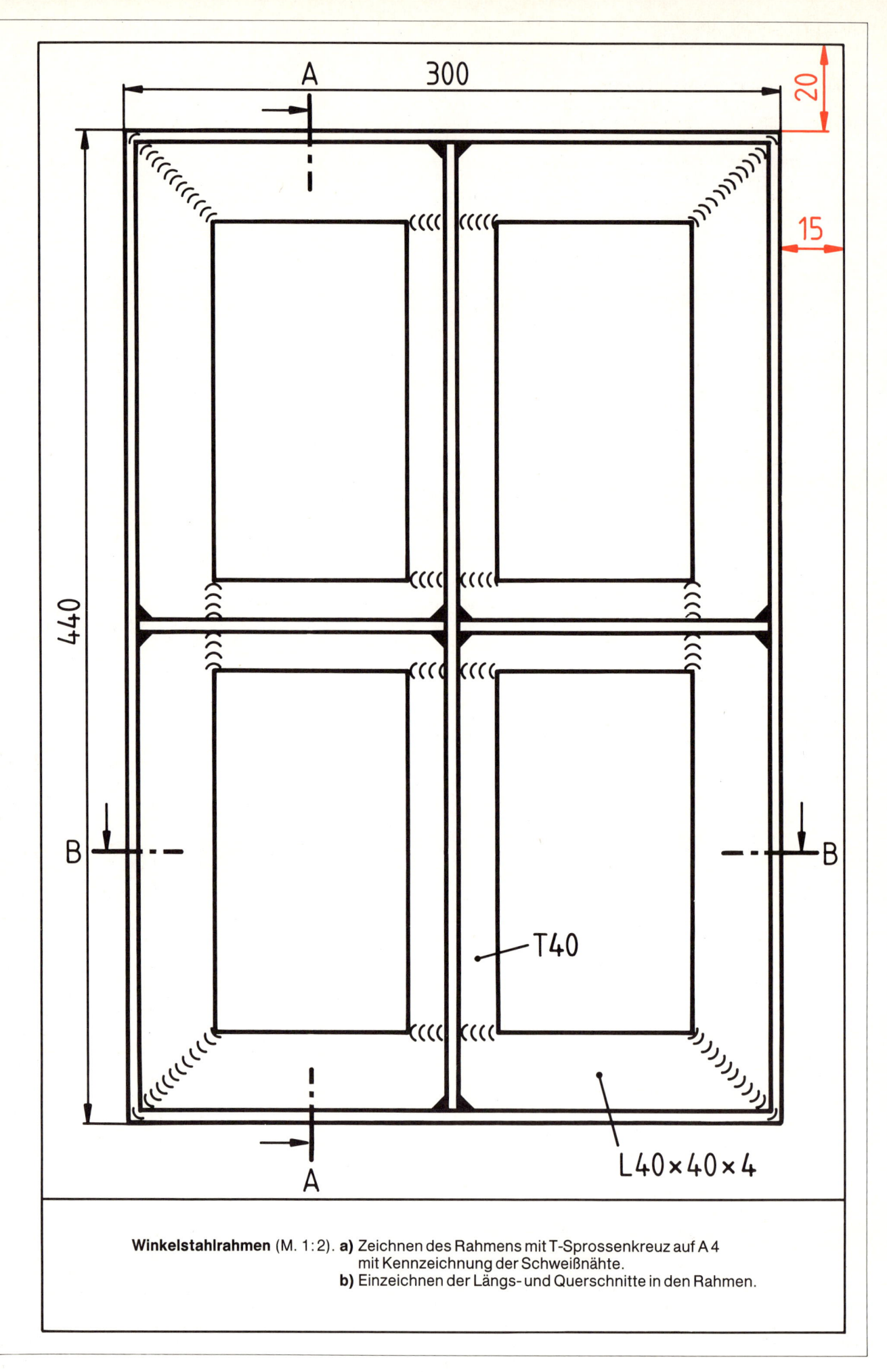

Winkelstahlrahmen (M. 1:2). **a)** Zeichnen des Rahmens mit T-Sprossenkreuz auf A 4 mit Kennzeichnung der Schweißnähte.
b) Einzeichnen der Längs- und Querschnitte in den Rahmen.

▲ 54.1

5.5 Fertigungsteile

Zeichnung 54.1: Winkelstahlrahmen
In einem Winkelrahmen ist ein Sprossenkreuz aus T-Stahl eingeschweißt, wodurch der Rahmen eine Unterteilung und eine bessere Stabilität erhält. Hierbei ist darauf zu achten, daß die waagerechten und die senkrechten Sprossen ineinandergesteckt werden können. Bei der senkrechten Sprosse ist daher der Flansch ausgeklinkt, und der Steg ist durchgehend. Bei der waagerechten Sprosse ist dies genau umgekehrt. Der Winkelstahlrahmen ist auf Gehrung (45°) geschnitten. Die Schweißung muß überall erfolgen, wo die Einzelteile aufeinandertreffen.
Zur Einsparung von Platz kann der Längs- und der Querschnitt in die Ansicht als Schnittfläche der Profile schraffiert eingezeichnet werden. Die Pfeilrichtung gibt die Blickrichtung für die Schnittdarstellung an.

Zeichnung 55.2: Winkelstrahlrahmen – Teilzeichnungen
Beim Herauszeichnen der Einzelteile muß die exakte Länge bestimmt werden. Beim Zeichnen sollte man genauso vorgehen, wie beim Zuschneiden des Materials. Zuerst die größte Länge und dann die Ausschnitte darstellen.

Zeichnung 55.3: Form- und Profilstähle
Die wichtigsten Stähle sind in der Vorderansicht (Schnitt) und in der Draufsicht dargestellt. Die Winkel- und T-Stähle sind leicht abgerundet, was man im Normalfall ohne Radiusangabe zeichnet. Werden in einen Winkel- oder T-Stahl Löcher für Schrauben gebohrt, dann kann es nicht gleichgültig sein, wo die Löcher sitzen, da die Schraubenmutter noch Platz haben muß. Der Abstand Außenkante – Lochmitte, den man als Wurzelmaß w bezeichnet, ist abhängig von der Schenkelbreite. Nachstehende Tabelle gibt das Wurzelmaß und den höchstzulässigen Lochdurchmesser in Abhängigkeit von der Schenkelbreite an.

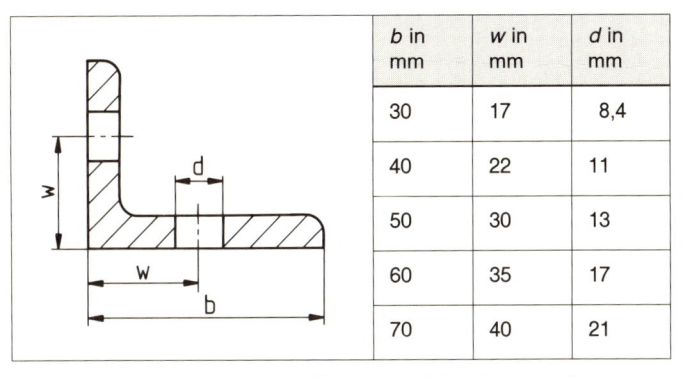

b in mm	w in mm	d in mm
30	17	8,4
40	22	11
50	30	13
60	35	17
70	40	21

55.1 Wurzelmaß w und höchstzulässiger Lochdurchmesser d

Ist eine technische Zeichnung Grundlage für die Anfertigung eines größeren Werkstücks, müssen zusätzliche Angaben über die Formen und Eigenschaften des Materials erfolgen. Es ist daher zweckmäßig, die Zeichnung durch ein Schriftfeld und eine Stückliste zu ergänzen. Das Schriftfeld enthält die Benennung des Zeicheninhalts und allgemeine Angaben (z. B. Maßstab). In der Stückliste werden die Einzelteile unter einer Teilnummer aufgeführt bei näherer Angabe der Maße und der Form (DIN-Bez.). Aussagen über die Werkstoffeigenschaften sind durch den Hinweis auf Werkstoffnormen gegeben. In der Zeichnung 55.3 wurde eine Stückliste gewählt, die mehr auf die schulischen Anforderungen ausgerichtet ist. Für umfangreichere Zeichnungen werden genormte Stücklisten verwendet.

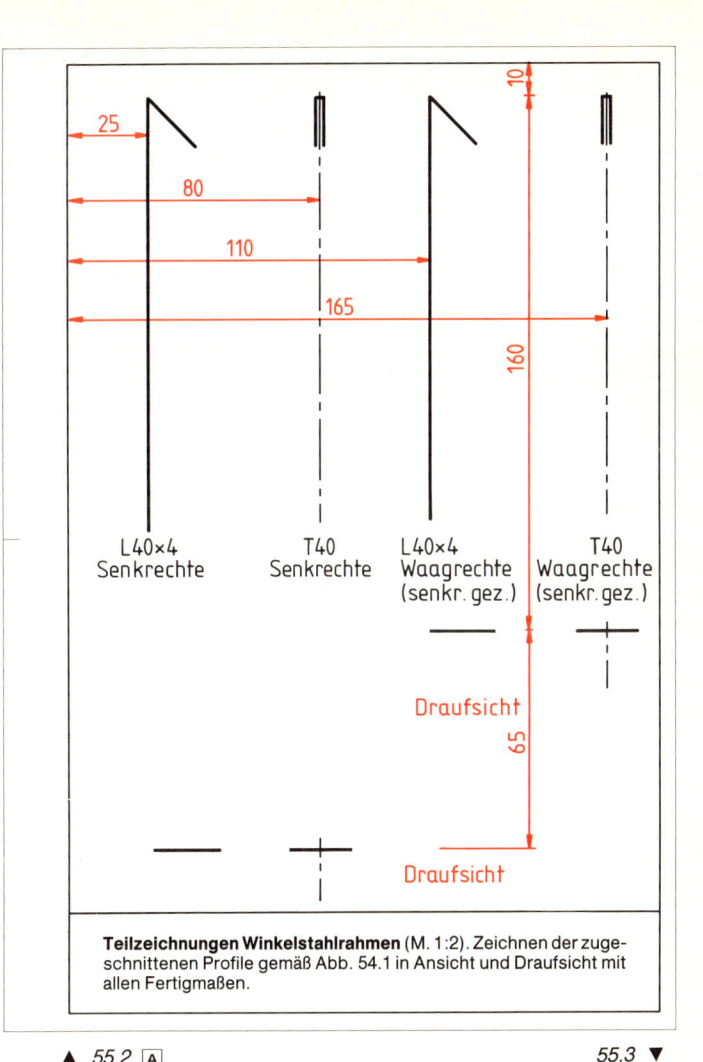

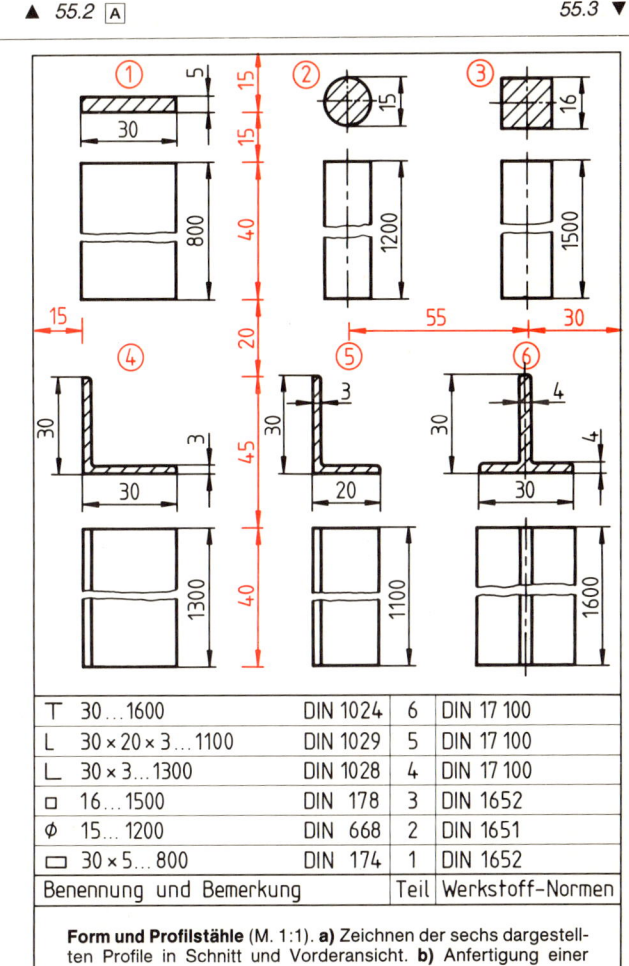

Teilzeichnungen Winkelstahlrahmen (M. 1:2). Zeichnen der zugeschnittenen Profile gemäß Abb. 54.1 in Ansicht und Draufsicht mit allen Fertigmaßen.

▲ 55.2 55.3 ▼

T	30…1600	DIN 1024	6	DIN 17 100
L	30 × 20 × 3…1100	DIN 1029	5	DIN 17 100
L	30 × 3…1300	DIN 1028	4	DIN 17 100
▫	16…1500	DIN 178	3	DIN 1652
⌀	15…1200	DIN 668	2	DIN 1651
▭	30 × 5…800	DIN 174	1	DIN 1652
Benennung und Bemerkung			Teil	Werkstoff-Normen

Form und Profilstähle (M. 1:1). **a)** Zeichnen der sechs dargestellten Profile in Schnitt und Vorderansicht. **b)** Anfertigung einer Stückliste.

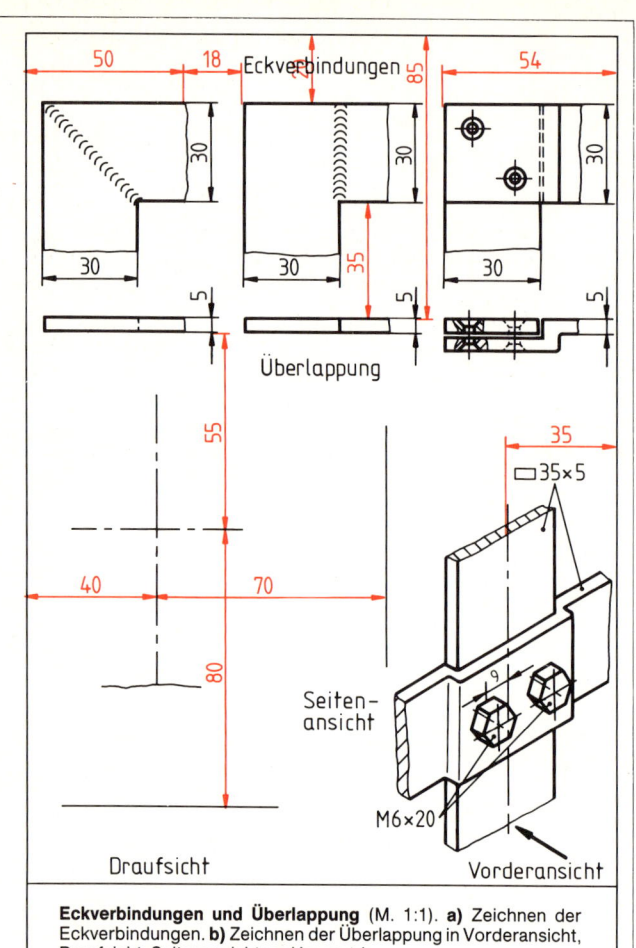

Zeichnung 56.1: Eckverbindungen und Überlappung

Am häufigsten wird man die Eckverbindung nach Zeichnung 56.1 ① wählen, während die Nietverbindung seltener ist. Den 90°-Winkel kann man bei Schweißnähten nachträglich durch Dehnen der Naht mittels Hammerschläge korrigieren.

Zeichnung 56.2: Konsole

Die Herstellung von Konsolen kommt häufig vor, da unterschiedliche bauliche Gegebenheiten und Verwendungszwecke immer andere Maße erfordern. Beim Herauszeichnen von Teil 2 ist zu berücksichtigen, daß der obere Schenkel gebogen wurde. Beim Herauszeichnen von Teil 3 besteht beim Anreißen die Schwierigkeit, daß der in der Ansicht gegebene schräge Winkel waagerecht gezeichnet werden muß. Am günstigsten ist es, die sich in der Vorderansicht ergebenden Abstände mit dem Stechzirkel zu übertragen.

Zeichnung 56.3: Fußlager

Dieses Blatt zeigt unterschiedliche Säulenformen und Fußlager. Allen gemeinsam ist die quadratische Fußplatte (□ 300 mm) und die vier Stege (10 mm dick), die zusätzliche Festigkeit geben.

Die Säule 2 besteht aus acht Flachstählen 80 × 10, die so aneinanderliegen, daß dazwischen ein keilförmiger Abstand für die Schweißnaht besteht. Für die Konstruktion zeichnet man – wie angegeben – durch den Mittelpunkt acht Strahlen, die zueinander einen 45°-Winkel einschließen. Innerhalb zweier Strahlen ermittelt man – wie angegeben – die 80 mm lange Strecke.

Eckverbindungen und Überlappung (M. 1:1). **a)** Zeichnen der Eckverbindungen. **b)** Zeichnen der Überlappung in Vorderansicht, Draufsicht, Seitenansicht und Isometrie.

Konsole (M. 1:5). **a)** Zeichnen der Konsole und Ergänzen der Seitenansicht mit allen erforderlichen Schweißnähten. **b)** Ergänzung von Teil 1 und 2 in Vorderansicht und Draufsicht.

Fußlager (M. 1:5). **a)** Die vier Fußlager sind zu zeichnen, wobei jeweils die Vorderansichten entsprechend Bild ① zu ergänzen sind. **b)** Eintragung der Schweißnähte.

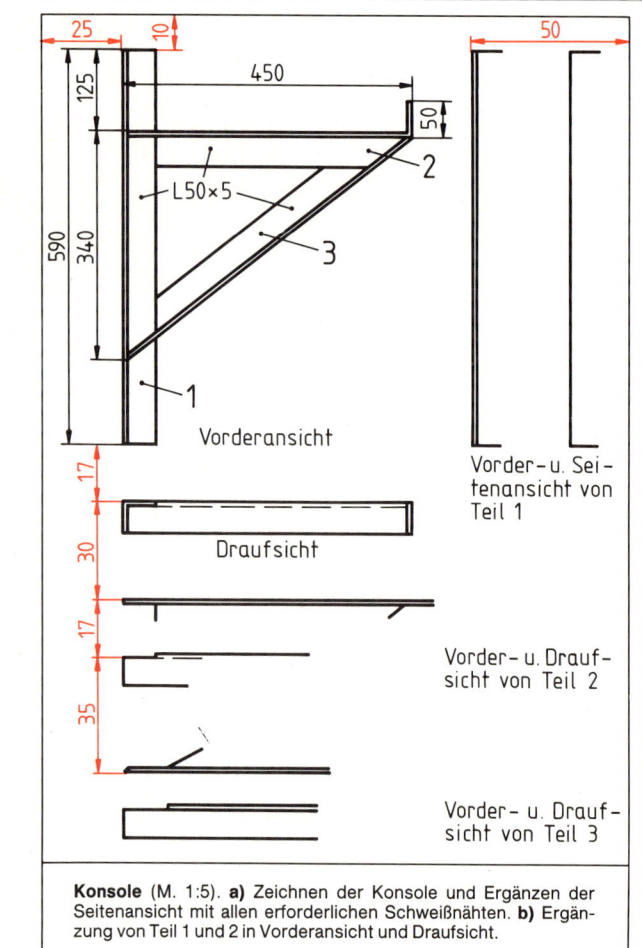

Zeichnung 57.1: Riegel

In diesem Werkstück kommen fast alle Fertigkeiten vor, die in der Grundstufe erlernt wurden. Der Riegel (Teil 2) soll gebogen werden. Beim Zusammenfügen der einzelnen Teile muß man berücksichtigen, daß der Riegel sich nicht weiter nach hinten schieben darf. Wie in der Zeichnung angegeben, muß man daher mehrere Schläge mit dem Körner eine Arretierung anbringen. Die Feder besteht aus einem Blechstreifen 90 × 8 × 0,6, der zur Verdichtung des Gefüges gehämmert und in der Mitte mit dem Flachstahl vernietet wurde.

Zeichnung 57.2: Bandzapfen

Tore aus Stahlprofil werden so im mittleren und oberen Teil angeschlagen. Der Drehpunkt des Tores ist Mitte Rundstahl. Tor und Rahmen ist jeweils mit einem um den Rundstahl gebogenen Flachstahl angeschweißt, beide Flachstähle sind mit Schrauben verbunden, so daß das Tor ohne Schwierigkeiten herausgenommen werden kann.

Zeichnung 57.3: Plattenkloben

Dieser Plattenkloben dient zum Anschlagen einer Holztür an einem Holzrahmen. Die Abschrägung der Grundplatte erleichtert das saubere Einpassen der Platte in den Rahmen. Der eigentliche Kloben besteht aus einem gebogenen Flachstahl, der im glühenden Zustand mit dem Schraubstock auf den Dorn gepreßt wird. Bei der Abkühlung des Flachstahls preßt er sich so fest an den Rundstahl, daß dadurch ein fester Sitz gewährleistet ist. Man kann zusätzlich den Flachstahl mit dem Rundstahl durch einen Niet verbinden oder verschweißen.

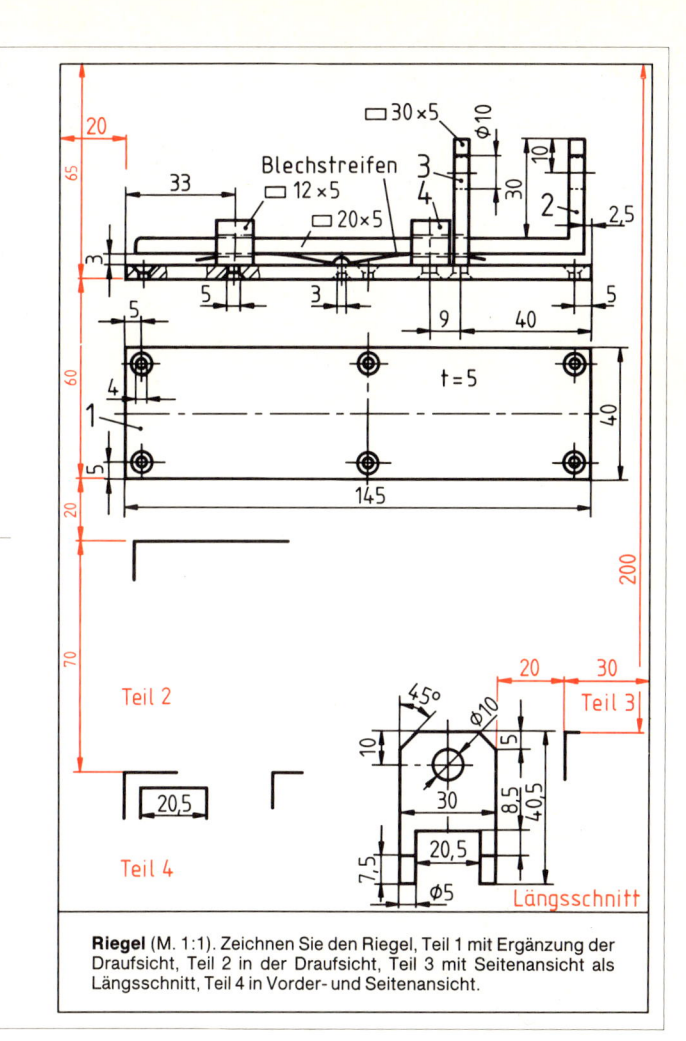

Riegel (M. 1:1). Zeichnen Sie den Riegel, Teil 1 mit Ergänzung der Draufsicht, Teil 2 in der Draufsicht, Teil 3 mit Seitenansicht als Längsschnitt, Teil 4 in Vorder- und Seitenansicht.

▼ 57.2 A   ▲ 57.1 A   A 57.3 ▼

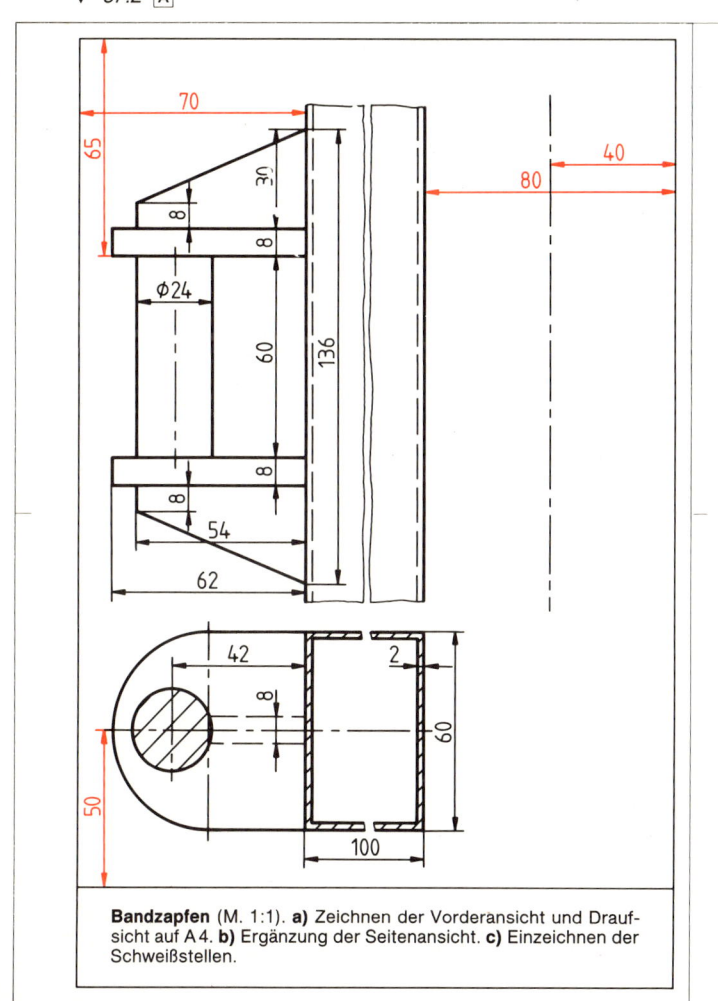

Bandzapfen (M. 1:1). a) Zeichnen der Vorderansicht und Draufsicht auf A4. b) Ergänzung der Seitenansicht. c) Einzeichnen der Schweißstellen.

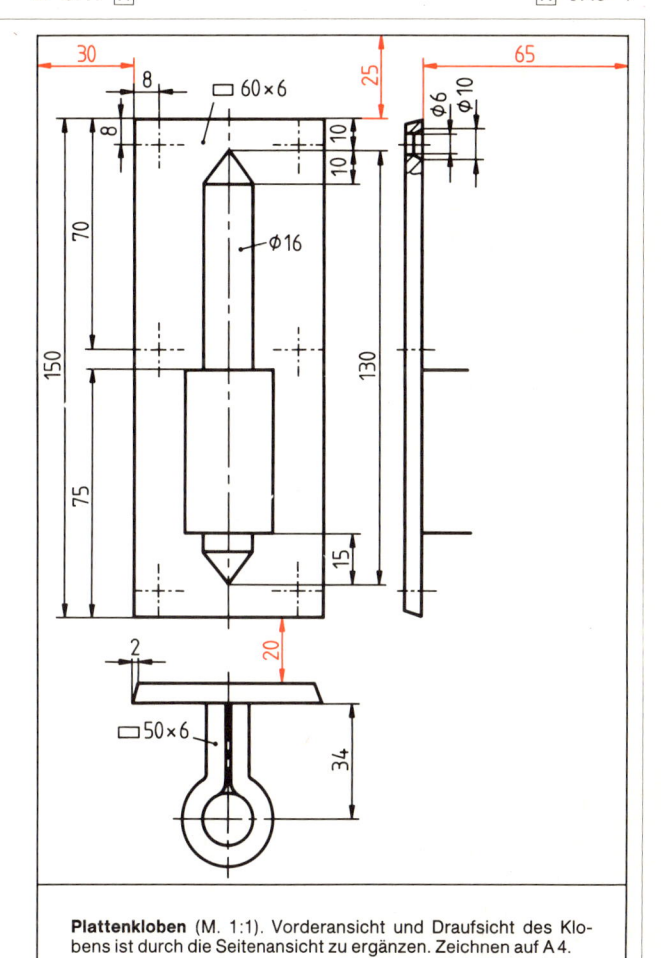

Plattenkloben (M. 1:1). Vorderansicht und Draufsicht des Klobens ist durch die Seitenansicht zu ergänzen. Zeichnen auf A4.

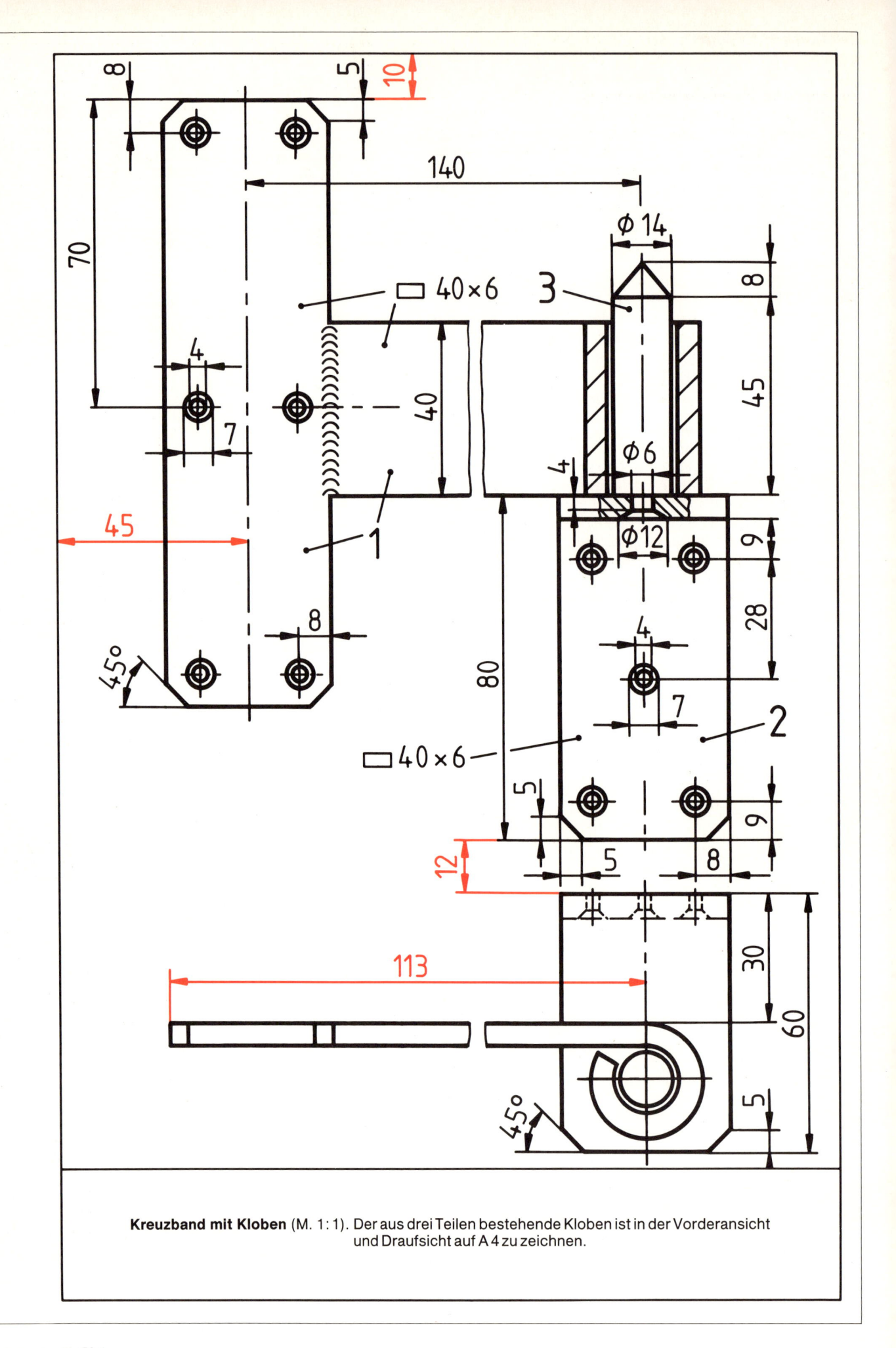

Kreuzband mit Kloben (M. 1:1). Der aus drei Teilen bestehende Kloben ist in der Vorderansicht und Draufsicht auf A 4 zu zeichnen.

▲ 58.1

5.6 Gesamtzeichnungen mit Einzelteilen

Zeichnung 58.1: Kreuzband mit Kloben
Bei schweren Toren bringt man zur Entlastung des oberen und des unteren Winkelbandes in der Mitte ein Kreuzband mit Kloben an. Das Kreuzband (Teil 1) wird auf das Holztor, der Kloben (Teil 2) auf den Rahmen festgeschraubt. Der Kloben besteht aus einem um 90° gebogenen Flachstahl, auf dessen einem Schenkel ein Stift aufgenietet wird. Der Stift, Rundstahl $d = 14$ mm, wird auf 6 mm gedreht, die Länge beträgt 6 mm + 0,7 · 6 mm = 10,2 mm. Die Spitze muß ebenfalls gedreht werden.

Zeichnung 59.1:
Siehe Aufgabenstellung.

Zeichnung 59.2:
Hier soll Teil 1 des in Zeichnung 58.1 gezeigten Kreuzbandes isometrisch dargestellt werden. Hinweise:
1. Abstand 120 mm abtragen.
2. 7,1 mm Abstand bis Mitte Band.
3. Einzeichnen der Punkte für die Kreiskonstruktion.

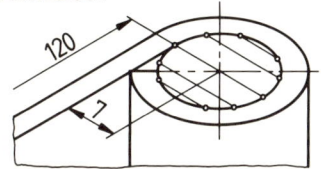

Zeichnung 59.3: Winkelband mit Plattenkloben
Der waagerechte und der senkrechte Flachstahl werden auf Gehrung geschnitten und zusammengeschweißt. In der Mitte des senkrechten Flachstahls wird das Band angeschweißt. Im rotglühenden Zustand wird der Flachstahl im Schraubstock auf den Stift gepreßt und auf die vorgeschriebene Länge abgesägt und auf die Platte geschweißt. Der Plattenkloben wird auf den Rahmen, das Winkelband auf das Tor geschraubt.

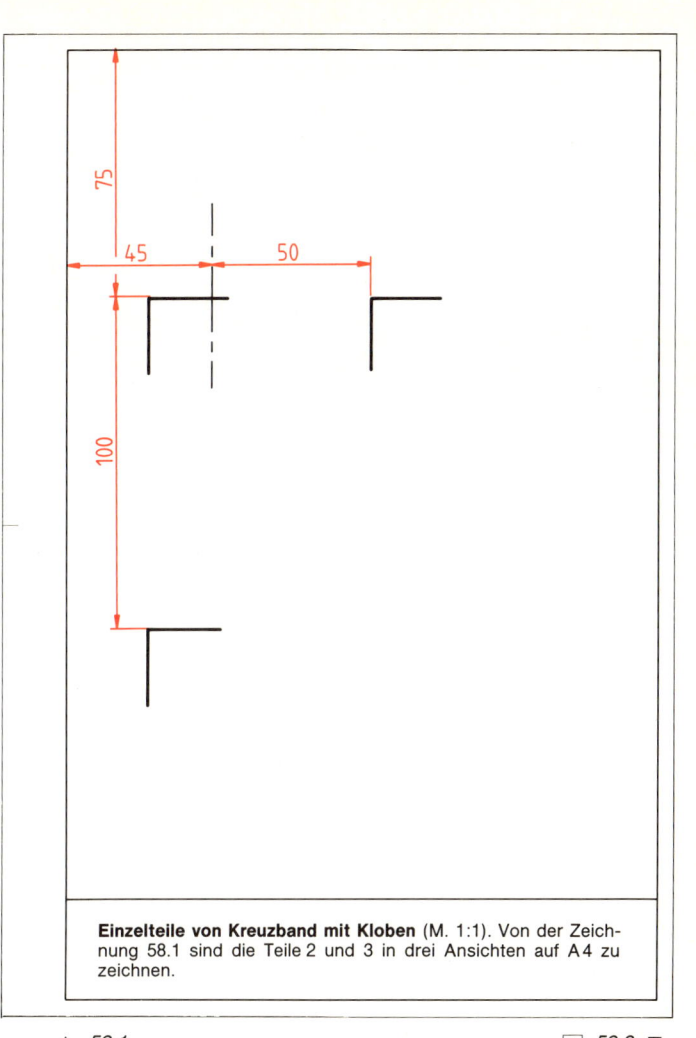

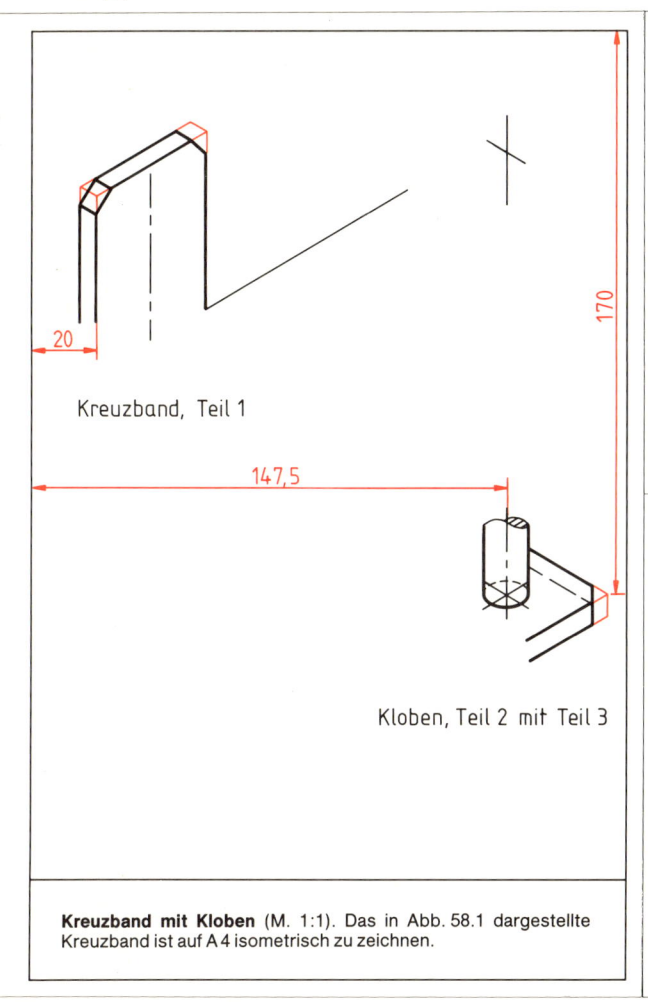

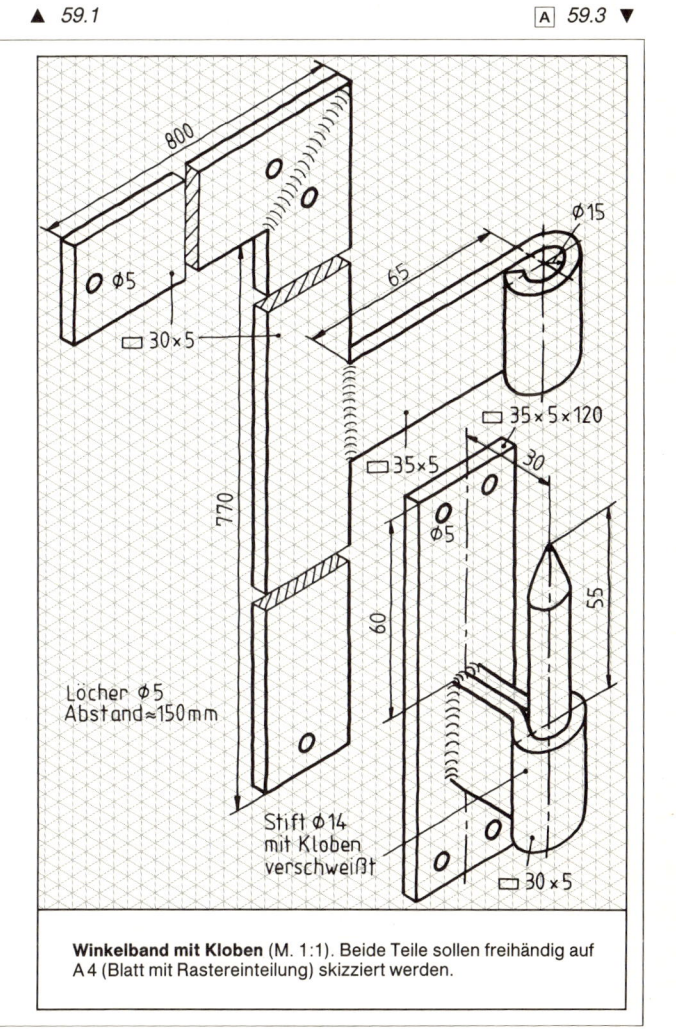

▼ 59.2 A

▲ 59.1

A 59.3 ▼

Einzelteile von Kreuzband mit Kloben (M. 1:1). Von der Zeichnung 58.1 sind die Teile 2 und 3 in drei Ansichten auf A4 zu zeichnen.

Kreuzband mit Kloben (M. 1:1). Das in Abb. 58.1 dargestellte Kreuzband ist auf A4 isometrisch zu zeichnen.

Winkelband mit Kloben (M. 1:1). Beide Teile sollen freihändig auf A4 (Blatt mit Rastereinteilung) skizziert werden.

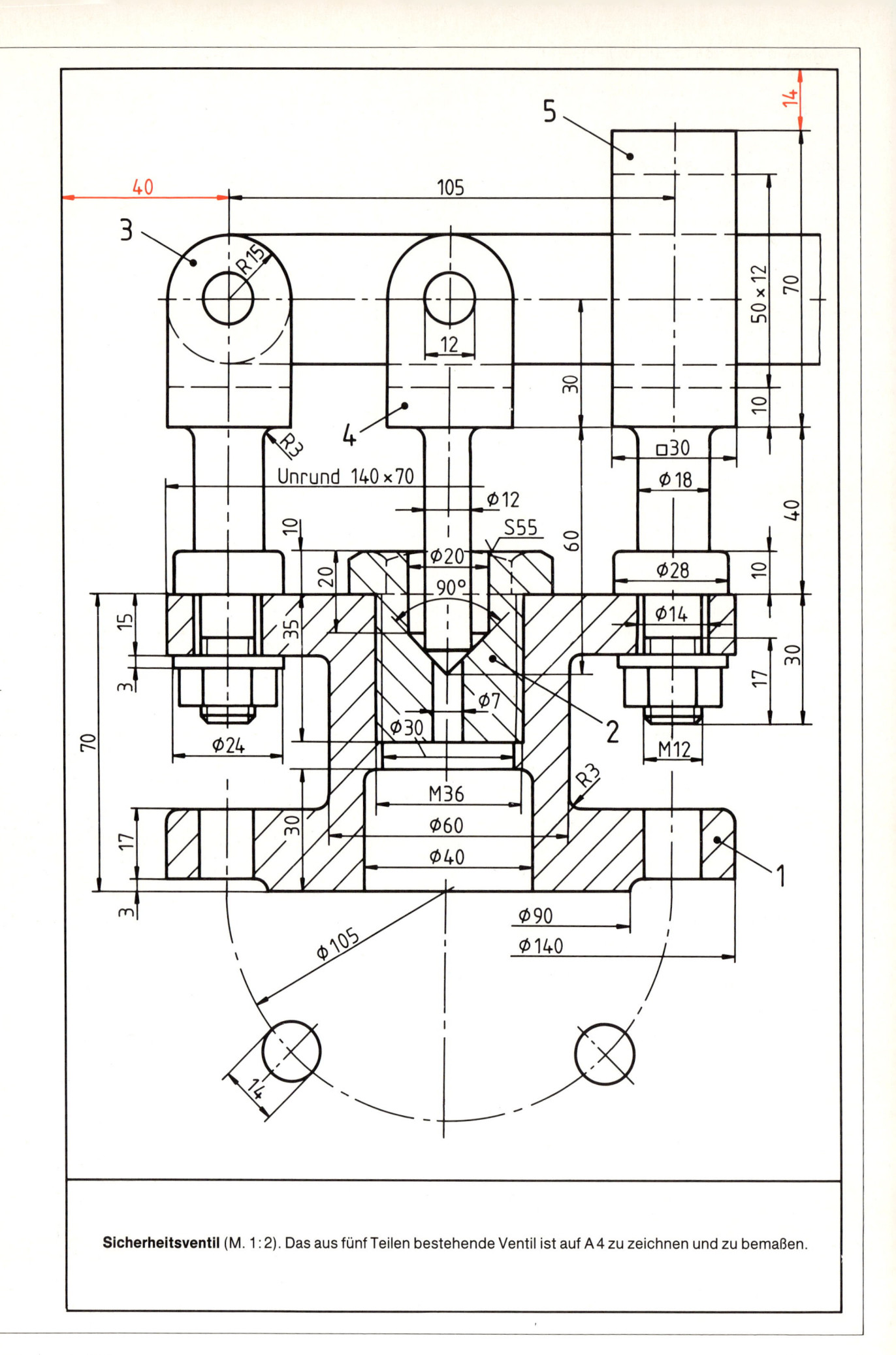

Sicherheitsventil (M. 1:2). Das aus fünf Teilen bestehende Ventil ist auf A4 zu zeichnen und zu bemaßen.

▲ 60.1

Zeichnungen 60.1 und 61.1: Sicherheitsventil
Von dem in Zeichnung 60.1 dargestellten Ventil (stark vereinfacht) sollen in Zeichnung 61.1 die Einzelteile 1 bis 5 gezeichnet werden.

Zeichnung 61.2: Membran-Sicherheitsventil
Dieses Ventil ist als „Explosionszeichnung" dargestellt. Die Einzelteile werden so angeordnet, wie sie zusammengebaut werden. Dies ist vorteilhaft für die Montage, Reparatur und Austauschbarkeit. Außerdem erkennt man besser den Aufbau und die Funktion.

Zeichnung 61.3: Rohrbefestigungssystem
Die im oberen Teil der Zeichnung dargestellte Rohrschelle wird in einer Schlitzschiene 30 × 30 festgeschraubt. Je nach Rohrdurchmesser und Belastung gibt es verschiedene Schienengrößen, Abmessungen und Zubehörteile. Die Schiene kann an der Decke oder an der Wand befestigt oder frei aufgehängt werden. Bei Dehnungsbewegungen kann die Aufhängung auch in einem sog. Gleitsatz geführt werden. Zur Vermeidung von Körperschallübertragungen werden zwischen Rohrschellen und Rohr Gummimanschetten eingelegt.

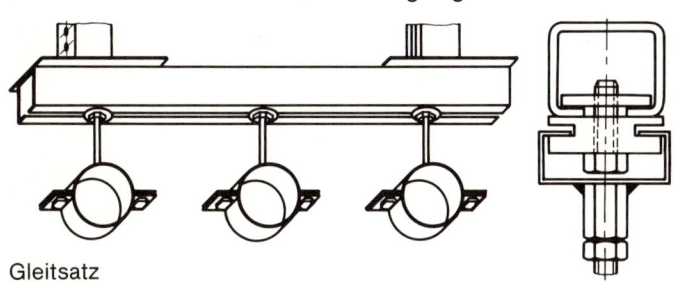

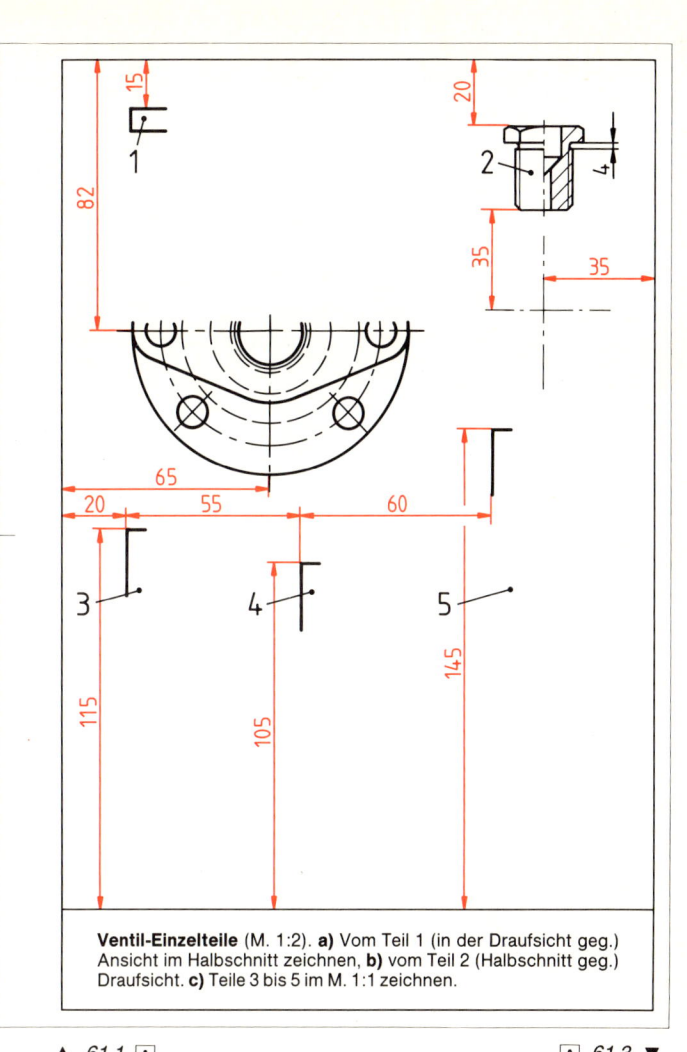

Gleitsatz

▼ 61.2

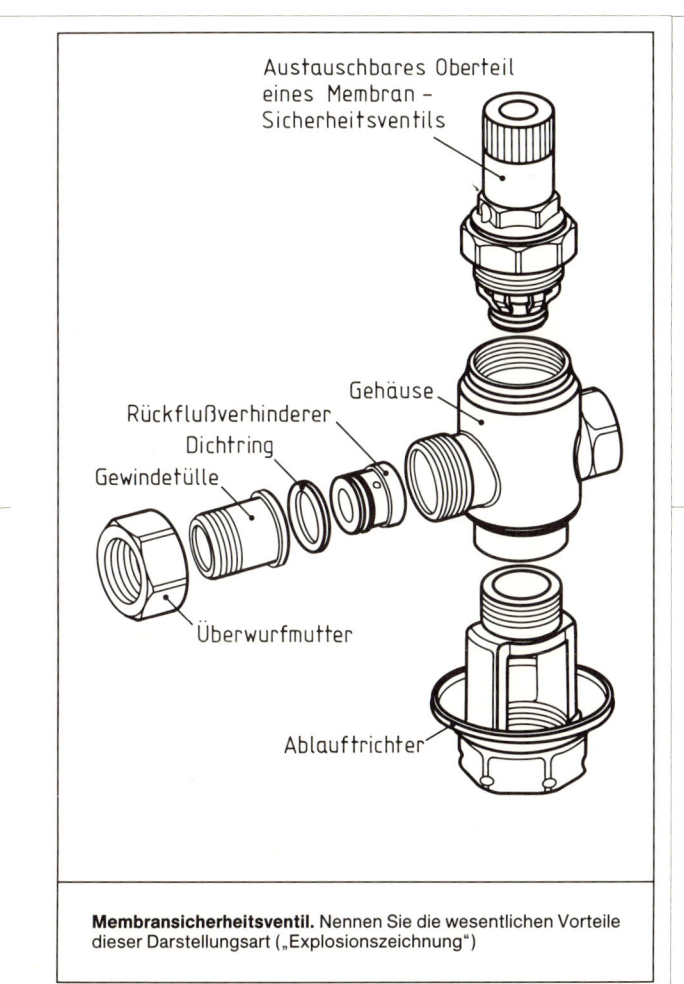

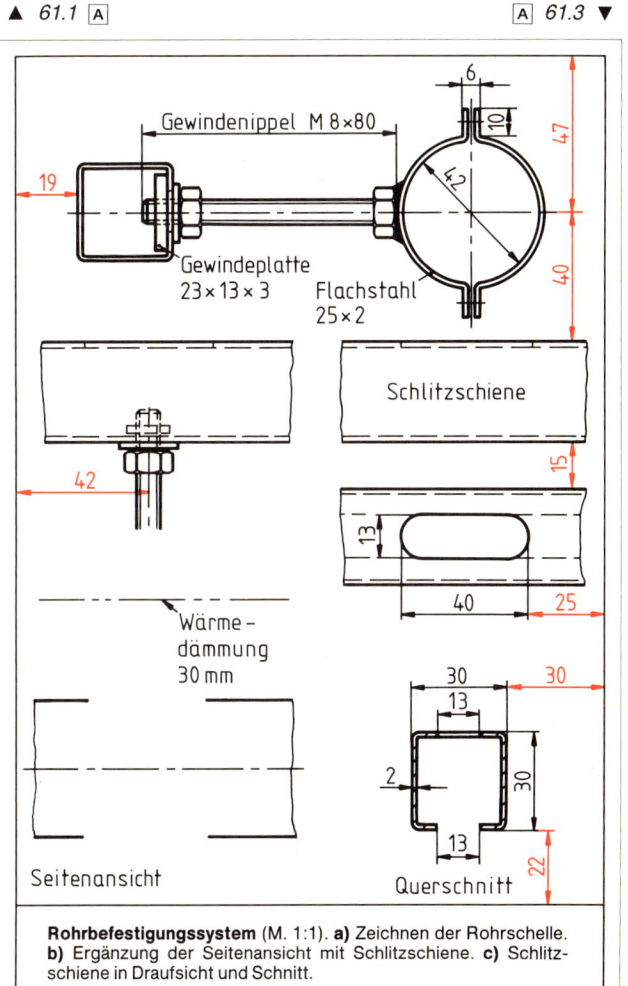

Ventil-Einzelteile (M. 1:2). **a)** Vom Teil 1 (in der Draufsicht geg.) Ansicht im Halbschnitt zeichnen, **b)** vom Teil 2 (Halbschnitt geg.) Draufsicht. **c)** Teile 3 bis 5 im M. 1:1 zeichnen.

▲ 61.1 [A]

[A] 61.3 ▼

Membransicherheitsventil. Nennen Sie die wesentlichen Vorteile dieser Darstellungsart („Explosionszeichnung")

Austauschbares Oberteil eines Membran-Sicherheitsventils
Gehäuse
Rückflußverhinderer
Dichtring
Gewindetülle
Überwurfmutter
Ablauftrichter

Gewindenippel M 8×80
Gewindeplatte 23 × 13 × 3
Flachstahl 25 × 2
Schlitzschiene
Wärmedämmung 30 mm
Seitenansicht
Querschnitt

Rohrbefestigungssystem (M. 1:1). **a)** Zeichnen der Rohrschelle. **b)** Ergänzung der Seitenansicht mit Schlitzschiene. **c)** Schlitzschiene in Draufsicht und Schnitt.

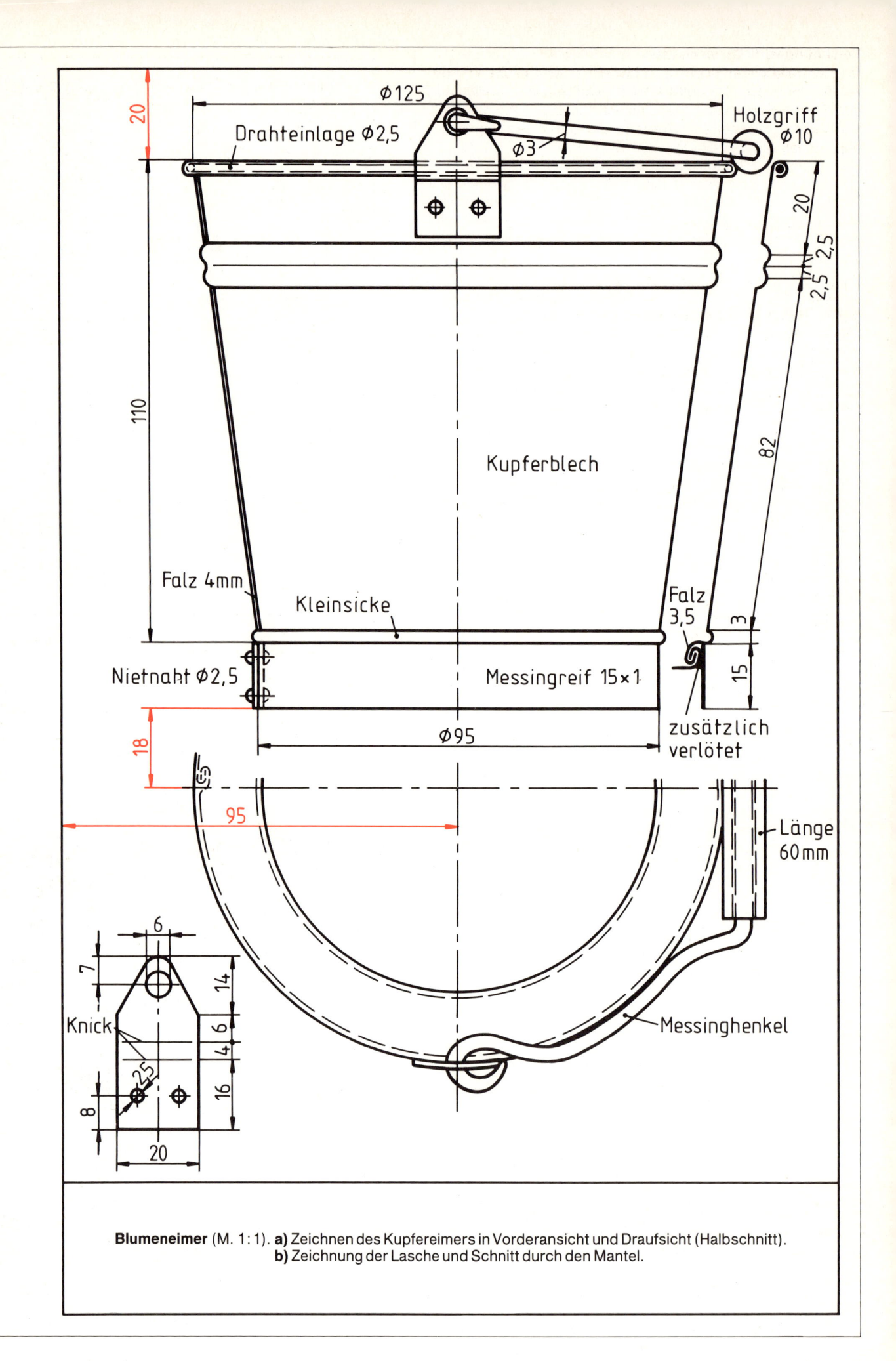

Blumeneimer (M. 1:1). **a)** Zeichnen des Kupfereimers in Vorderansicht und Draufsicht (Halbschnitt). **b)** Zeichnung der Lasche und Schnitt durch den Mantel.

▲ 62.1

Zeichnung 62.1: Blumeneimer
Die Herstellung des Eimers beinhaltet die wesentlichen Fertigkeiten, die in der Grundstufe erlernt werden. Die Abwicklung des Blechmantels kann direkt auf dem Kupferblech erfolgen. Der Messingreif kann im erwärmten Zustand aufgezogen werden, so daß er sich besser an den Eimer preßt.

5.7 Schmiedearbeiten

Skizze 63.1: Schmiede-, Biege-, Feilarbeiten
In diesem Blatt sollen einfache Grundfertigkeiten des Schmiedens und Feilens auf einem 30°-Raster skizziert werden.
Den beiden Enden eines Kreuz- oder Winkelbandes kann man durch Feilarbeit ein gefälligeres Aussehen geben. Will man bei Beibehaltung der Materialdicke scharfe Kanten haben, muß man den glühenden Vierkantstahl zuerst stauchen, biegen und dann durch Schmieden die scharfe Kante erzeugen.

Skizze 63.2: Gitterformen
In diesem Blatt sind einfache Schlosserarbeiten dargestellt, die als Gitterformen bei Hauseinfriedungen und Treppengeländern verwendet werden.

Skizze 63.3: Kerzenleuchter
Die Flachstähle müssen zuerst abgehämmert werden, so daß sie eine Struktur erhalten. Das Messingblech wird zu der vorgegebenen Form getrieben. Das Anfertigen der Spitze und deren Vernietung erfordert besondere Sorgfalt. Zur Verschönerung und zum Schutz vor Korrosion kann ein Oberflächenschutz angewandt werden.

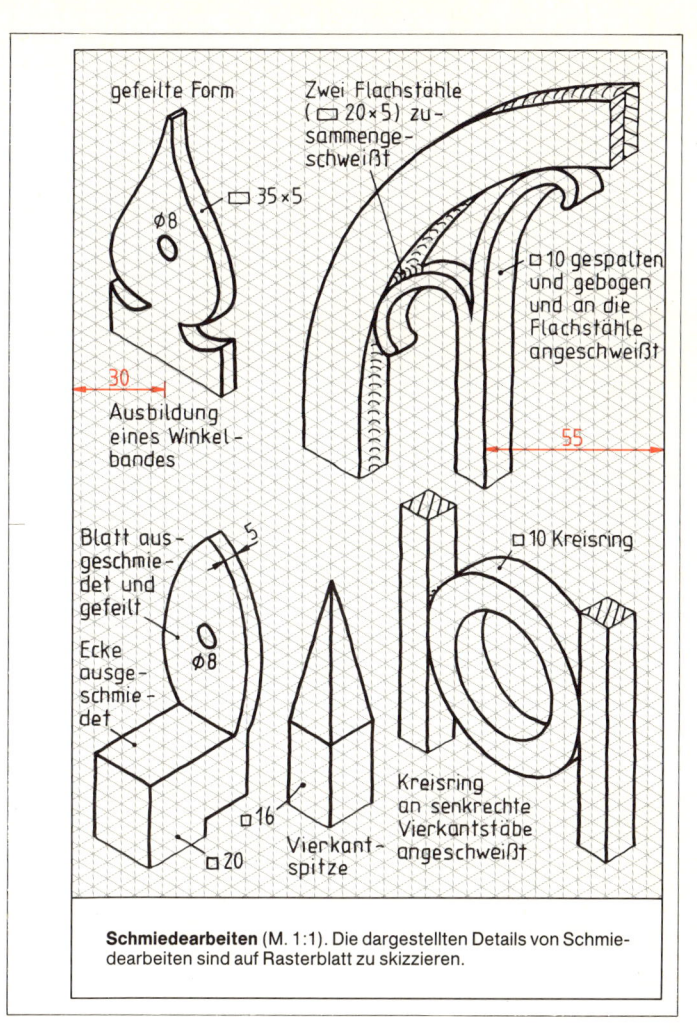

▼ 63.2   ▲ 63.1 [A]   63.3 ▼

Schmiedearbeiten (M. 1:1). Die dargestellten Details von Schmiedearbeiten sind auf Rasterblatt zu skizzieren.

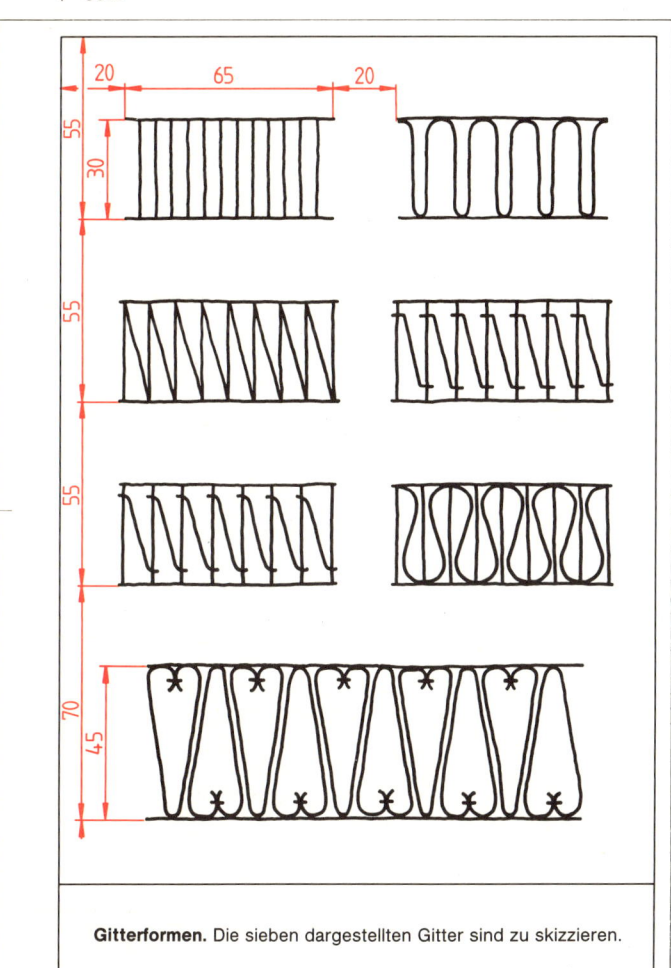

Gitterformen. Die sieben dargestellten Gitter sind zu skizzieren.

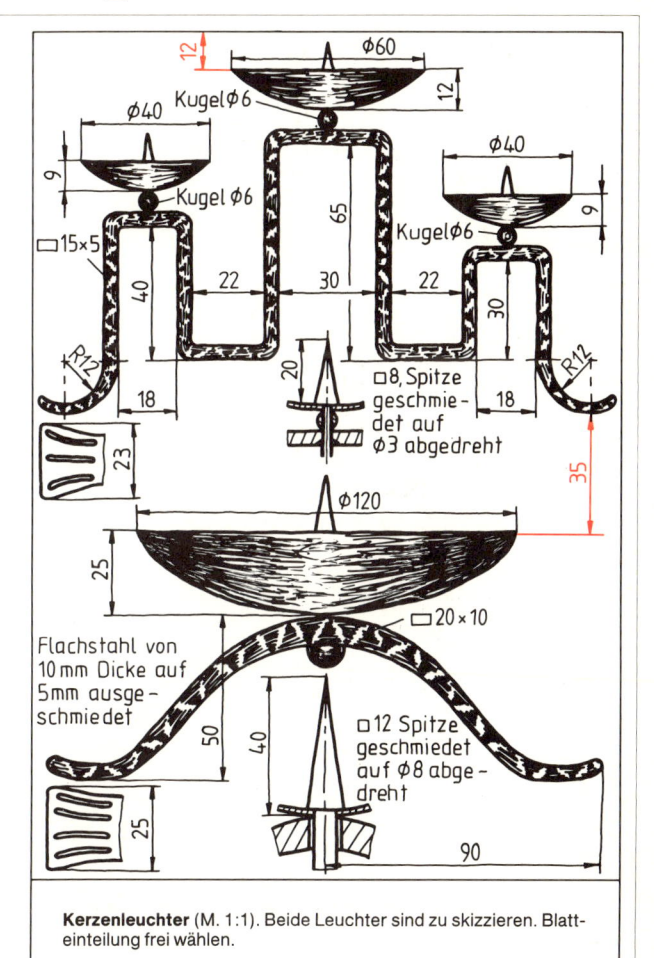

Kerzenleuchter (M. 1:1). Beide Leuchter sind zu skizzieren. Blatteinteilung frei wählen.

Sachwörterverzeichnis

Abwicklungen 35, 40 ff.
Achteck 36
Ansichten 22, 31
Ausbiegeweite 52
Ausgeschnittene Körper 25
Außermittiger Kegel 29

Bandzapfen 57
Befestigungssystem 61
Bemaßung 16
Bemaßungsfehler 19
Bemaßungsregeln 18
Bezugskanten 18
Biegemittelpunkt 52
Biegeradien 53
Biegeteile 29
Blattfaltung 8
Blattgrößen 7
Blechabdeckung 41
Blecharbeiten 48
Blecheimer 62
Blechkasten 49
Blechprofil 29
Blechumschlag 48
Bleistifte 11
Blumeneimer 62
Bodenfalz 48
Bördelfalz 48
Bördelnaht 46
Bogen für Rohre 51
Bogenlänge 19
Bohrungen 32, 43, 45
Bruchkanten 32, 51
Buchse 32
Buchstaben 9
Burmastersatz 13

Detailzeichnungen 59 ff.
Dichteleisten bei Flanschen 53
DIN-Normen 6
Drahteinlage 48
Draufsicht 22, 31
Drehteil 28
Dreiecke 14, 36
Dreieckskonstruktionen 21, 39
Durchmesserangabe 19

Eckige Körper 24
Eckverbindungen 56
Eimer 62
Einzelteilzeichnungen 59 ff.
Ellipse 26, 37
EN-Normen 6
Ersatzminen 11
Etagenbogen 52
Explosionszeichnung 61

Faltanleitung 8
Falzarten 48
Falznaht 46, 48
Feinminenstift 11
Fertigungszeichnungen 45
Flachstahl 32, 55, 59
Flächennaht 46
Flächenprojektion 39
Flanschabmessungen 53
Flanschbogen 51
Formstähle 55
Formstücke 49
Füllhalter 11
Fußlager 56

Geländer 63

Geometrische Grundkonstruktionen 35
Gesamtzeichnungen 59
Gewinde 45, 51
Gewindelängen 53
Gewinderohre 51, 53
Gießbehälter 49
Gitterformen 63
Glasfaserstift 12
Gleichschenkliges Dreieck 36
Gleichseitiges Dreieck 36

Härte von Bleistiften 11
Halbschnitt 32, 51
Halbzylinder 27
Hauseinfriedung 63
Hohlzylinder 32
Holzstifte 11

I-Naht 46
Isometrie 23 ff.
ISO-Norm 6

Kapsel 48
Kegel 29
Kegelschnitt 43
Kegelstumpf 28
Kehlnaht 46
Kerzenleuchter 62
Konsole 56
Korbbogen 37
Kreisabschnitt 37
Kreisausschnitt 37
Kreisbemaßung 19
Kreisbogen 19
Kreisdarstellung 26
Kreisförmige Körper 27
Kreisschablone 13
Kreisteilung 26
Kreuzband 58
Kreuzstück 14
Krümmer 49
Kurvenlineale 13

Laternengehäuse 47
Leuchter 63
Lineale 12
Linienarten 10
Linienbreite 9
Liniengruppe 9
Liniennaht (Schweißen) 46
Lochkreise 19
Lötverbindung 46
L-Profil 33, 55
Lüftungskanal 49

Mantelflächen 42 ff.
Mantellinien 35, 42
Maßhilfslinie 18, 20
Maßkette 18
Maßlinien 18 f.
Maßlinienbegrenzung 18
Maßpfeile 18
Maßstäbe 8
Maßzahl 18, 20
Membransicherheitsventil 60
Meßstäbe 12
Meßübungen 21
Metallplatte 31
Minenhärte 11
Minenhalter 11
Minenspitzer 11
Mittellinien 19
Mittelsenkrechte 37

Muffe 81

Nahtlose Rohre 53
Nennweiten (Rohre) 53
Nietdarstellung 33, 45
Normalkreis 26
Normalprojektion 27
Normbezeichnungen 6
Normblätter 6
Normschrift 9
Nullenzirkel 13
Numerieren von Schnittflächen 24

Parallelverlegte Rohre 52
Plattenkloben 57
Prisma 24, 40
Profilschnitt 32, 33
Profilstähle 29, 55
Projektionslehre 22
Punktnaht 46
Pyramide 40

Quader 33

Radierer 11
Radiusangabe 19
Randversteifungen 48
Rasterblatt 29, 63
Rauchabzug 41
Rechtwinkliges Dreieck 14, 21, 38
Reduktionsmaßstab 12
Reißzeug 13
Riegel 57
Rohrabmessungen 53
Rohrbefestigungssystem 61
Rohrbiegearbeit 50
Rohrbogen 51 f.
Rohrbündel 52
Rohrdarstellung 51
Rohrhülse 49
Rohrverteiler 53
Runde Körper 27
Rundstahl 55
Rundungen 37

Sackloch 45
Sanitärschablone 13
Sechseck 36
Segment 37
Sehnensatz 37
Seitenansicht 22, 31
Sektor 37
Sicherheitsventil 60
Siebeneck 36
Sinnbilder (Schweißen) 46
Skizze 6, 15, 17, 29, 59, 63
Spitzgeräte 11
Spitzwinkliges Dreieck 20
Sprossenkreuz 54
Symmetrielinien 19
Symmetrische Körper 32

Schablonen 13
Schlitzschiene 61
Schlosserarbeiten 63
Schmiedearbeiten 63
Schmiermittelbehälter 48
Schnittflächen 31 ff.
Schnittverlauf 31, 33
Schräger Zylinderschnitt 42
Schraffur 31
Schraube 33, 45
Schraubenverbindungen 45

Schriftfeld 7, 55
Schriftgröße 8
Schriftschablone 13
Schweißbogen 53
Schweißnahtdarstellungen 46

Stahlrohre 53
Stechzirkel 13
Stehfalz 48
Streckenabtragung 21
Streckenteilung 35
Stumpfwinkliges Dreieck 21

Tafelebene 22
Tangentensatz 37
Technische Zeichnung 14, 16
Teilschnitt 32
T-Profil 55
Trapeze 17, 21, 39, 41
Treibarbeit 63
Treppengeländer 63
Tuschefüllhalter 11, 13

Überbogen 52
Übergangsstück 49
Überlappung 56
Umkreis 36
Umschlag (Blech) 48
Ungleichschenkliges Dreieck 36
Ungleichseitiges Dreieck 15, 36
Unregelmäßiges Viereck 21
U-Profil 33
U-Rohre 52

Ventil 60 f.
Vergrößerungsmaßstab 8
Verkleinerungsmaßstab 8
Versteifungen 48
Verteiler 53
Vielecke 36
Viereckskonstruktionen 21
Vierkantstahl 55, 63
V-Naht 46
Vollschnitt 31
Vorderansicht 22, 31
Vorschweißflansch 53

Wahre Flächen 38
Wahre Längen 38
Winkelband 59
Winkel bei Dreiecken 21
Winkelhalbierende 37
Winkelmesser 12
Winkelstahlrahmen 54
Winkelteilung 35
Würfel 26
Wulst 48
Wurzelmaß 55

Zahlen 9
Zeichenblatt 7
Zeichenbrett 12
Zeichendreiecke 12
Zeichengeräte 11, 14
Zeichenmaschine 12
Zeichenmeßstab 12
Zeichenplatte 12
Zeichenstifte 11
Zeichnungsarten 4
Zeichnungsnormen 6
Zirkel 13
Zwölfeck 36
Zylinderabwicklung 42, 44